Vakti Olmayanlar İçin Sinirbilim

KALK Bİ DOPAMİN DEMLE

Dr. Serkan Karaismailoğlu
Dr. M. Ali Karaismailoğlu

ortapia

o r t a p i a

KALK Bİ DOPAMİN DEMLE©

Dr. Serkan Karaismailoğlu
Dr. M. Ali Karaismailoğlu

Genel Koordinatör: Çiğdem Karaca
Editör: İpek Arman
Kapak Tasarımı: ortapiArt ve Ceyda Kocatürk
Mizanpaj: Ceyda Kocatürk
Elma Ekibi: Ahmet Seyfi, Bahar, Bilge, Demet, Gamze,
Gülderen, Hüseyin, İsmail, Merve, Sevim, Vildan Barış

ISBN: 978-605-71446-4-5

1. Basım Ağustos 2024 (5000 adet)

Elma Yayınevi
Aziziye Mah. Portakal Çiçeği Sok.
No: 37/7 Çankaya/Ankara
Tel: 0312 417 72 73
bilgi@elmayayinevi.com
Yayıncı Sertifika No: 45776

Basımevi: Güngörler Matbaacılık San. Tic. Ltd. Şti.
İvedik Organize Sanayi Bölgesi 1323. Cad. No: 28/4 Yenimahalle/Ankara
Matbaa Sertifika No: 49889

KÜTÜPHANE BİLGİ KARTI
Karaismailoğlu, Serkan
Kalk bi dopamin demle / Serkan Karaismailoğlu, M. Ali Karaismailoğlu ; editör: İpek Arman.—Ankara : Ortapia, 2024.
152 s. ; 21 cm.—(Vakti Olmayanlar İçin Sinir Bilim)
Kaynakça var, dizin yok.
ISBN 978-605-71446-4-5
1. Dopamin – Fizyolojik etkiler 2. Sinirbilim 3. Motivasyon (Psikoloji) 4. Ödül (Psikoloji)
I. Karaismailoğlu, M. Ali II. Arman, İpek III. Eser adı
MLA
Karaismailoğlu, Serkan ve M. Ali Karaismailoğlu. *Kalk bi dopamin demle*. Ed. İpek Arman. Ankara: Ortapia, 2024.

Önsöz

Merhaba. Ne kadar yoğun olduğunuzu biliyoruz. O nedenle bu seriyi sizler için hazırladık. Vakti Olmayanlar İçin Sinirbilim (VOİS) serimizde hayatımızla doğrudan ilgili olan konuları sinirbilim ve fizyoloji perspektifinden olabildiğince anlaşılır ve özet bir şekilde sizlerle paylaşmaya çalışacağız. Anlatımlarımız her ne kadar günlük olaylar üzerinden ilerlese de köklerinin bilimsel araştırma ve yayınlara bağlı olduğunu unutmayın.

Bölüm 1

Halıdaki Desenler ve Beynindeki O Karadelik

Mutluluğun trajedisi, modern mutluluk kavramının insanları sistematik olarak mutsuzluğa sürüklemesindedir.

Wilhelm Schmid

Her insanın hayatının bir aşamasında yaşadığı ilginç bir deneyim vardır. Sabah her zaman olduğu gibi öten alarmla beraber uyanırsınız. Zorla doğrulup ayaklarınızı halının üzerine koyduğunuzda bu sefer hemen kalkamazsınız. Sanki o an yeryüzünde, yerçekiminin en kuvvetli olduğu noktada oturuyormuş gibi hissedersiniz. Eğer bu halinizi bir kelime ile tanımlamak gerekseydi "uyuşmuş" hiç fena bir alternatif olmazdı. Gözünüz halının üzerindeki desenlere takılır ve öylece boş boş bakarsınız. Sonra nereden geldiğini bilmediğiniz birtakım varoluşsal sorular kafanızda belirmeye başlar. "Sahi ben ne yapıyorum? Yaşamam gereken hayat gerçekten bu mu? Bir şeyler eksik ama ne?" gibi cümleler kulağınızın içine fısıldayıp durur.

Bu sorgulama hali, illaki anlattığımız şekilde olacak diye bir şey yok. Duş alırken, gişedeki kişi size para üstünü uzattığında ya da ağzına kadar dolu bir otobüste tüm yükünüzü o plastik tutacağa yüklemişken de benzer bir sorgulama içine girebilirsiniz. Derinlere dalarsınız çünkü artık yüzeyde görecek bir şey kalmamıştır. Elbette bu dalışlar tehlikelidir. Ne kadar derine giderseniz o kadar nefessiz kalırsınız. O nedenle güvenli bir yere kadar dalıp sonra hemen "rutin" denen yüzeye çıkarsınız. Çünkü rutinler ve etrafına çizdiğiniz konfor alanları rahat nefes alabileceğiniz yerlerdir. Kafanızdaki tüm soruları masanın üstünde dağınık duran eşyaları sürükler gibi bir kenara atarsınız. Ama bu bir gerçeği değiştirmez. Kim olursanız olun, ne yaparsanız yapın asla kaçamayacağınız bir hissiyat var ve bu his ayakkabınızın içine kaçmış minik bir çakıltaşı gibi sizi sürekli rahatsız edecek.

Eksik Olan Ne?

Hayat ne kadar hızlı geçiyor değil mi? Sanki her yeni gün dünden biraz daha kısaymış gibi. Sonra bir de o his var. Neyse ki sadece ara sıra ortaya çıkıyor ama yine de fazlasıyla can sıkıcı. Bir şeyleri eksik ya da yanlış yapmış gibi hissetmenizden bahsediyoruz. Oysa diğer insanlar ne kadar mutlu ve başarılı. Cep telefonunuzun ekranını ne zaman kaydırsanız karşınıza bir sürü mükemmel hayat çıkıyor. Herkes ne kadar güzel gözüküyor. Herkes ne güzel yerler geziyor. Peki ya siz? Kanepenize uzanmış, insanların görkemli hayatlarını seyrediyorsunuz. Bir de yüzlerindeki kocaman gülümsemeleriyle sürekli el ele olan çiftler var. Birbirlerini ne kadar seviyorlar değil mi? Oysa siz hâlâ doğru insana rastlayıp rastlamadığınızdan bile emin değilsiniz. Hatta söz konusu romantik ilişki beklentileriniz olduğunda henüz bir insana bile rastlamamış olabilirsiniz. Örnekler fazlasıyla çoğaltılabilir fakat ana konumuza dönelim. Ara sıra ortaya çıkan bu durum öyle bir hissiyat yaratır ki beyninizin içinde bir karadelik varmış ve her şeyi yutuyormuş gibi hissedersiniz.

Siz de dahil olmak üzere insanların en büyük yanılgısı ne biliyor musunuz? Beyninizi kemiren bu hissin iş ya da parayla alakalı olduğunu düşünmek. Öyle ya şu an villanızın havuzunda, online toplantıda yönetim kuruluna yapacaklarını söyleyip bir yandan da içeceğinizi yudumlasaydınız bu karadelik oluşur muydu hiç? İlk bakışta çok mantıklı bir düşünce gibi gözükse de emin olun hayalini kurduğunuz bu hayatı bizzat yaşayıp kafasının içinde sizinkinden çok daha büyük karadelikler barındıran bir sürü insan var. Hatta bu kişilerle bir karşılaştırma yaparsak sizin daha şanslı olabileceğinizi bile söyleyebiliriz. Ay sonunu zor denk getiren insanlar için kurmuş olduğumuz bu cümlenin çok boş durduğunun farkındayız ama meselenin sinirbilimsel temelini öğrendiğinizde bize hak vereceğinizi düşünüyoruz. Şu an için bilmeniz gereken tek şey bu durumun para ve refah seviyesinin çok daha ötesinde bir gerçekle ilgili olmasıdır.

Peki çözüm iş, para, refah seviyesi gibi faktörler değilse ne o zaman? Yoksa... Tabii ya nasıl unuttuk. Bu deliği tümüyle kapatacak olan asıl büyü AŞK olmalı. Yeryüzündeki milyonlarca insanın arasından kendinize en uygun olan o ruh eşinizi bulabilmek. Bundan güzel hayat amacı olur mu? Birçok romantik insan bu amaca gönülden inansa da asla gözardı edemeyeceğimiz bir detay vardır. Haklısınız. Doğru insanı bulmak ve onunla aşk yaşamak beyninizdeki ödül merkezlerini coşturan, dopamini adeta dalından yemenize neden olacak harika bir olaydır. Umarız bir gün siz de yaşarsınız ama inanın bu müthiş doğa olayı bile o karadeliği kapatmaya yetmeyebilir.

Neden biliyor musunuz? Çünkü o delik kapanamaz. İçine ne atarsanız atın, üzerini ne ile örterseniz örtün o karadelik hepsini yutacaktır. Beyninizin evrimsel çalışma mantığı tümüyle bu deliğin etrafına kurulmuş bir durumdadır. Doğal olarak tek bir çareniz var. O karadelikle yaşamayı öğreneceksiniz. Eğer bu sistemin çalışma felsefesini anlayabilirseniz o karadeliği beyninizdeki tüm kötü düşünceleri ve huzursuzluğu içine çeken müthiş bir elektrikli süpürgeye bile dönüştürebilirsiniz.

Bu gizemli karadeliğin adı *dopamin*. İstek, arzu ve motivasyonlarınızın yegâne enerji kaynağı. İnsanlar dopamini sadece haz veren sihirli bir molekül olarak görseler de yaşadığınız onlarca acının perde arkasındaki asıl sorumlu yanlış kullanılmış dopamindir.

Kafanızın Üzerindeki Düğme ve Milyonlarca Parmak

Eğer 200-300 yıl öncesi bir dönemde yaşasaydık, elbette savaş, hastalık ve açlığın olmadığı bir ortamdan bahsediyoruz, dopamin molekülünü tam da olması gerektiği gibi kullanabilirdik ama ne yazık ki günümüz modern insanı bu konuda inanılmaz şanssız. İstediğimiz her şeye anında ulaşabildiğimiz altın bir çağda yaşıyoruz ve bu gerçekten müthiş bir kolaylık ama söz konusu herkesin ihtiyacını karşılamak olduğunda arka planda sürekli dönmek zorunda olan bir sistemin yaratıldığını da tahmin edebilirsiniz. Bu sistemin beynimizdeki ödül merkezleri açısından önemli riskler barındırdığını belirtelim.

Kafanızın üzerinde bir düğme olduğunu ve buraya ne zaman basılsa kendinizi mutlu hissettiğinizi varsayalım. Bu düğme sizin parmağınızın kontrolü altında olduğu müddetçe gayet güzel çalışır. Peki ya diğer parmaklar? İşte bu soru hayata dair çok kritik bir detayı karşımıza çıkarıyor. Neden biliyor musunuz? Sabah yatağınızda gözlerinizi açtığınız andan itibaren yeryüzündeki milyonlarca parmak kafanızın üzerinde size ait o düğmeye basmak için hazır bir durumda bekliyorlar. Üstelik hepsi deli gibi istekliler çünkü bu parmakların sahipleri tüm güçlerini siz ve sizin gibilerin düğmelerine borçlular. Gün içinde o düğmeye basmak için her yolu deneyecekler. Bundan asla şüpheniz olmasın. İşin ironik tarafı bu yabancı parmaklar düğmeye her bastığında kısa süreliğine bir haz duyacak olmanız. Zaten her bastığında kısa süreliğine bir haz duyacak olmanız. Zaten güçleri de buradan geliyor çünkü sizi nasıl mutlu edeceklerini çok iyi biliyorlar ama bu anlık hazların uzun vadede neye mal olduğunu bilseydiniz emin olun o parmakların hepsini kökünden kırardınız.

Okuduklarınız muhtemelen size abartı gelecektir ama inanın durum tam da böyle. Şu an binlerce insan, yatağında gözünü açar açmaz ilk iş olarak telefonu eline alıp sosyal medyayla güne başlıyor. Uyuyana kadar tonlarca içeriğe maruz kalıyoruz. Görünen o ki şu sıralar sadece uykularımızda özgürüz ama kim bilir belki oraya da müdahale edecekleri bir teknoloji yakında geliştirilir. Sonuçta gün dediğiniz zaten 24 saat ve 8 saat boyunca düğmenize basamamaları onları yeterince mutsuz ediyor. O nedenle gece yatağa sizinle birlikte girip sizi olabildiğince geç uyutmak için her şeyi deniyorlar. Özetle o düğmenin peşindeler. Tahmin edeceğiniz üzere bu düğme biyolojik anlamda sizin ödül merkezinize karşılık gelmektedir. Yabancı parmaklar da sizin üzerinizden beslenen sektörler. Reklamlar, sosyal medya, dizi ve filmler. Hepsinin amacı aynı. Beyninizdeki düğmeye basmak.

Tam bu noktada bir gerçeğin altını çizelim. Yeryüzünde milyarlarla ifade edilen sayıda insan olsa da doğa hepimizin ihtiyacını karşılamak için mükemmel zengin bir kaynak ama artık bu yükü kaldıramıyor. Neden biliyor musunuz? Tıpkı o güzel sözün özetlediği gibi. "Doğa insanın ihtiyaçlarını karşılar, açgözlülüğünü değil". Bazı insanlar zaman içinde o kadar büyüdüler ki sizin sadece temel ihtiyaçlarla yetinmeniz artık onların doymasına yetmiyor. O nedenle daha da çok tüketmenizi istiyorlar. Peki bunu nasıl başaracaklar? Çok basit. Sizi gerçekte ihtiyacınız olmayan bir sürü ürüne ve etkene maruz bırakarak. Bunu da tümüyle beyninizdeki ödül merkezini *hack*'leyerek yapıyorlar ve sonuç ortada. **Kronik tatminsizlik.** Sürekli başkalarına imrenen, herkesi kıskanan ve elindekilerin kıymetini bilmeyen bir canlıya dönüşüyorsunuz. Üstelik etrafınızda ihtiyacınız olmayan tonlarca şeye sahipsinsiniz. İşte bu kısır döngü beyninizdeki karadeliği o kadar büyük bir hale getiriyor ki bu delik siz de dahil olmak üzere önüne gelen her şeyi yutuyor.

Şu an itibariyle hayatınızı hangi koşullar altında sürdürdüğünüzü bilmiyoruz ama bir şeyden emin olabilirsiniz. Farkında olmadığınız, büyük bir savaşın içindesiniz. Milyonlarca parmağın sahiplerinin tek bir hedefi var. Kafanızın üzerindeki o düğmeye basmak. Bunun için binlerce kişi çalıştırıyorlar, her gün sayısız toplantılar yapıyorlar, bilim ve teknolojiyi sonuna kadar kullanarak karşı konulamaz stratejiler üretiyorlar. İnanılmaz güçlüler ve siz tek başınasınız. İşte bu gerçek içine itildiğiniz savaşın aslında ne kadar derin olduğunu gösteriyor. Eğer bu kitabı savaş stratejileri konusunda bir uzman yazsaydı muhtemelen o parmakları tek tek kırmanın yöntemlerini size anlatırdı ama biz olaya daha farklı bir açıdan yaklaşacağız. Eğer beyninizdeki düğmenin çalışma felsefesini anlarsanız kafanızın üzerinde dolaşan bu parmakların hiçbir önemi kalmayacak çünkü size asla dokunamayacaklar.

Bölüm 2

Dopaminin Varoluş Felsefesi

Her tatmin edilmiş arzu
bir yenisini doğurur.

Arthur Schopenhauer

Oscar Wilde'a göre yaşamak çok nadir rastlanılan bir şeydir. Çoğu insan sadece var olur. O yüzden insanların şu soruyu kendilerine sormasını ister. "Ben yaşıyor muyum, yoksa sadece nefes mi alıyorum?" Sahi hayat dediğiniz şey tam olarak nedir? Elbette biyolojik anlamda canlılığın tanımını net bir şekilde yapabiliyoruz ama söz konusu insan yaşamı olduğunda bu tanımda devasa bir eksiklik var. İnsanın varoluşundan günümüze kadar kafasını kurcalayan asıl soru bu eksiklikten ortaya çıkar. Hayatın anlamı nedir? İnsanlık tarihi bu soruya yanıt bulmaya çalışan düşünürler ile doludur o nedenle ilk sayfalardan belirtmek isteriz ki bu kitabın böyle bir amacı yoktur. Yani kitabın sonunda size "Hayatın anlamını bulduk. O da 42" gibi bir formül vermeyeceğiz. Bu kitabın size sunduğu tek bir gerçek var. **Biyolojik manada kendinizi ne kadar iyi tanırsanız sahip olduğunuz hayat o kadar anlam kazanacaktır.**

İnsan beyni önüne çıkan her türlü durumu harika analiz edebilecek bir *prefrontal kortekse* sahip olsa da hayatının büyük bir bölümünü duygularıyla yaşar. Duyguların bu denli güçlü olmasındaki en önemli etken ödül ve ceza sistemiyle çok yakın bir ilişki içinde olmasından kaynaklanır. İşte bu nedenle hayatı anlamak için beynimizdeki ödül devrelerinin çalışma mantığını ve dopaminin felsefesini anlamak lazım. Elbette ödül merkezleri açısından beynimizde aktif rol oynayan *serotonin, oksitosin, endorfin* gibi çeşitli moleküller olsa da bu kitapta sadece dopamini ele alacağız çünkü sistemdeki en kritik molekül dopamindir.

En baştan net bir şekilde altını çizelim. Dopamin sadece çikolatayı yediğinizde ya da sınavdan çok yüksek bir not aldığınızda hissettiğiniz o keyif halinden sorumlu haz molekülü değildir. Aynı zamanda birçok görevi yerine getirmenizi sağlayan, motivasyon denen ruh halinin temel yakıtıdır. Bir şeyleri keşfetmeniz için sürekli kulağınıza fısıldayıp duran bizzat dopaminin sesidir. Mesela iki tip insan düşünün. Birisi işlerini fazla umursamayan, harekete geçebilmek için fazlasıyla üşengeç bir karakterken diğeri inanılmaz istekli, yerinde duramayan arzu dolu biri olsun. Farklı karakterlerdeki bu iki kişinin beyinlerine yakından bakarsak birçok sinir devresinde farklılıklar görürüz ama emin olun bu farklılıkların temelindeki en büyük neden dopamin seviyelerinden kaynaklanır.

Nöron, Sinaps ve Michelangelo'nun Parmakları

Dopaminin felsefesini tartışmadan önce bu molekülün tam olarak ne olduğunu anlamamız lazım. Korkmayın. Vaktinizin olmadığını bildiğimizden en özet haliyle ifade edeceğiz. Aşağıda bir adet nöron (sinir hücresi) görmektesiniz. Soma dediğimiz gövde kısmı, içinde çekirdeğin de bulunduğu hücre merkezimizdir. Buradan etrafa yayılan çok sayıda uzantıya dendrit denmektedir. Bu yapılar genellikle diğer nöronlardan gelen bilgiyi almak için özelleşmişlerdir. Somadan çıkan kuyruk gibi uzantıya ise akson adı verilir. Hücre merkezindeki bilgiler akson aracılığıyla başka nöronlara iletilir. Bu yapının sonunda yer alan akson uçları dediğimiz bölgelerin her biri, bir başka sinir ya da kas hücresiyle iletişim kurabilir. Genel anlamda özetlersek denritler çevredeki nöronlardan gelen bilgileri alırken, akson bilgiyi diğer nöronlara iletir.

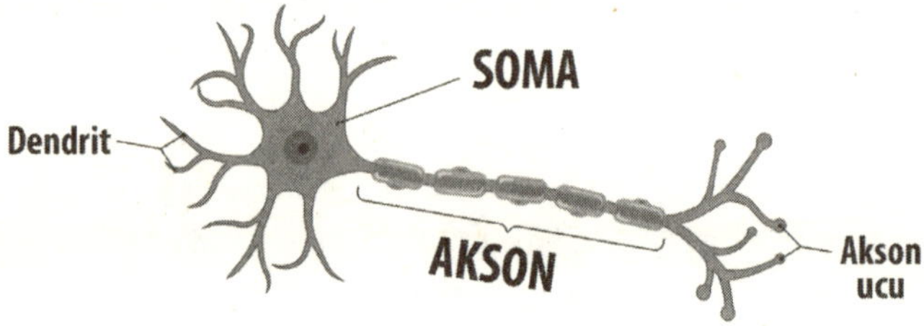

Sinir hücresinin temel yapıları

Aslında sinir sisteminin çalışması çok basit bir felsefeye dayanır. Şöyle düşünün. Acayip bir haber aldınız. İnanılmaz bir bilgi. İlk yapmak istediğiniz ne olacaktır? Evet, o haberi bir an önce yakın arkadaşlarınızla ya da diğer insanlarla paylaşmak istersiniz. Olur da kimseye ulaşamazsanız yaşayacağınız o sabırsızlanmayı düşünün.

İşte nöronlar da tümüyle benzer bir mantık üzerine çalışırlar. Bir bilgi aldıklarında ya da oluşturduklarında hemen başka nöronlarla paylaşmak isterler. Vücudunuzda asla yalnız yaşayamayacak yegâne hücre nöronlardır çünkü ortamda haberleşebileceği ikinci bir hücre yoksa var olmasının anlamı olmaz. O nedenle nöronlar birbirleriyle konuşabileceği yani bilgiyi paylaşacabileceği çok özel alanlar oluşturmuşlardır. **Bu bölgelere sinaps denir.**

Aşağıdaki görselde Michelangelo'nun ünlü *Yaratılış* (*Creation of Adam*) tablosu yer almaktadır. Eğer yakından bakarsanız parmakların birbirine çok yaklaştığını ama değmediğini görürsünüz. Aslında iki sinir hücresi arasındaki iletişim de buna benzer şekilde olmaktadır. Eğer bu parmakları sinir hücrelerinin uzantısı gibi düşünürseniz aradaki boşluk tam olarak sinaps dediğimiz yapıya karşılık gelmektedir.

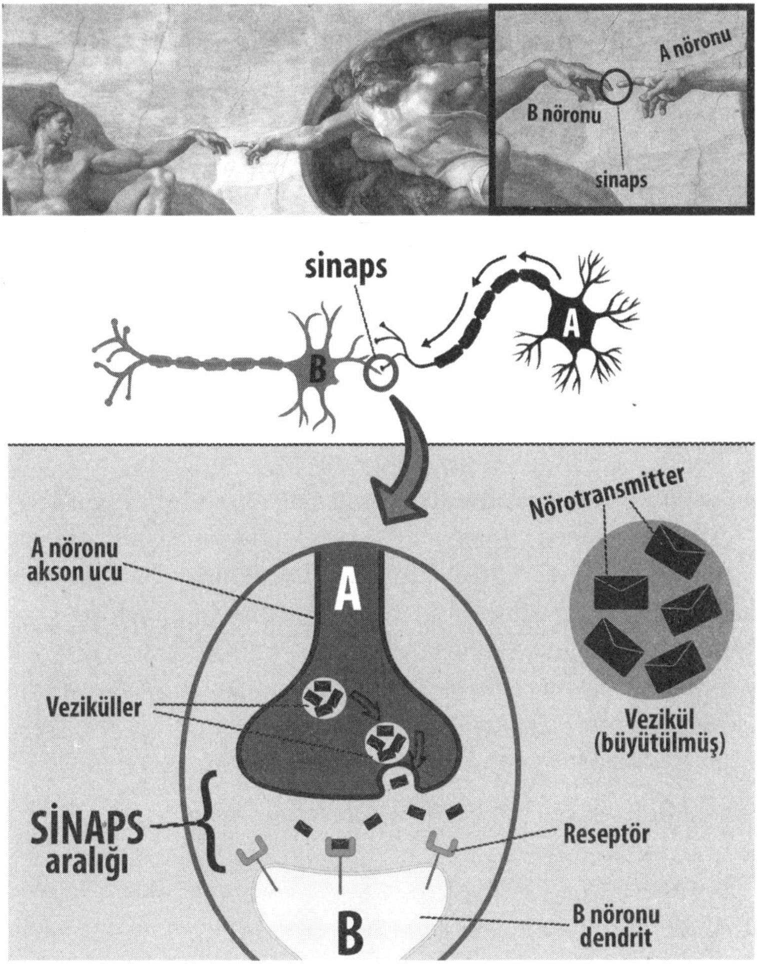

Sinaps bölgesinde yer alan bazı temel yapılar

Yaratılış görselinin hemen altında iki nöronun nasıl sinaps yaptığı gösterilmiştir. Teknik anlamda bir sinir hücresi, aksonu boyunca taşıdığı bilgiyi karşı taraftaki sinir hücresinin dendritine (akson-dendrit), hücre gövdesine (akson-soma) ya da aksonuna (akson-akson) iletebilir. Bu konuda çeşitli alternatifler olsa da bizim örneğimizde A nöronunun akson ucu ile B nöronun dendriti arasında bir sinaps oluşmuştur. Yani A nöronunda oluşan bilgi, akson boyunca ilerletildikten sonra (oklar yönünde) aradaki sinaps aracılığıyla B nöronuna iletilmiştir. Görselin alt kısmındaki gri alanda A ve B nöronu arasında yapılan sinapsın büyütülmüş halini görmektesiniz. Şimdi gelin burada neler oluyor ona bakalım.

A ile gösterilen kısım akson ucu, B ise dendrit yapısıdır. Her ikisi arasında kalan boşluğa da sinaps aralığı denir. A nöronunun içinde birtakım yuvarlaklar görmektesiniz. Çok önemli olan bu yapılara vezikül denir. Vezikülleri içi mektup dolu torbalar gibi hayal edebilirsiniz. A nöronundaki bilgi B nöronuna iletileceği zaman torbalar uca doğru hareket eder ve içindeki mektupları sinaps aralığına bırakır.

B nöronu üzerinde yer alan reseptör adlı yapıları ise posta kutusu gibi düşünün. İlgili mektup posta kutusuna girdiğinde işlem tamamlanmış ve artık mektubu okuma vakti gelmiştir. **İşte iki nöronun birbirleriyle iletişim kurdukları bu mektuplara nörotransmitter denir.** Bunlar çeşit çeşittir. Kimi mektup karşı tarafta bir hareket oluşmasına (uyarıcı) neden olurken, kimisi B nöronunun susmasıyla (inhibe edici) sonuçlanır. Özetle haberin iletildiği sinir hücresinde nasıl bir cevabın oluşacağı mektupla yani nörotransmitterin kim olduğuyla ilgilidir.

Mektup ve nörotransmitter benzetmesi ile sistemin çalışma mantığını anladıysak artık biraz daha bilimsel konuşabiliriz. Nörotransmitter kelimesindeki *nöro* mevzunun sinir hücresiyle ilgili olduğunu belirtirken *transmitter* kelimesi "iletici, aktarıcı" gibi bir anlama sahiptir. Doğal olarak nörotransmitterleri nöronların bilgiyi diğer yapılara aktardığı moleküller olarak düşünebilirsiniz. İşte kitabın başından beri hakkında konuştuğumuz dopamin aslında bir nörotransmitterdir. Nasıl ki çeşit çeşit mektup varsa söz konusu nöronlar arası iletişim olduğunda da birbirinden farklı bir sürü nörotransmitterin varlığından bahsedebiliriz. Aşağıdaki tabloda en popüler olanları görmektesiniz.

Asetilkolin	Adrenalin	**Dopamin**	GABA
Serotonin	Noradrenalin	Glutamat	Glisin

O zaman en temel soruyu soralım. Dopamini diğerlerinden ayıran ne? Yani kitabın kapağında neden *kalk bi adrenalin demle* yazmıyor? Elbette hepsi çok değerli nörotransmitterler ama dopamini öne çıkaran iki temel neden var. İlki dopaminin ödül merkezimiz üzerinde etki gösteren temel molekül olması. Daha önce belirttiğimiz gibi ödül merkezi de tüm davranışlarımız üzerinde belirleyici olduğundan bu durum dopamini ayrı bir yere koyuyor. İkinci nedenimiz ise daha teknik. **Dopamin bir nörotransmitter olmasına rağmen aynı zamanda nöromodülatör olarak da çalışabilir.** *Daha nörotransmitteri doğru düzgün anlamadık bir de karşımıza nöromodülatör çıktı* diye düşünebilirsiniz ama temel mekanizma oldukça benzer. Gelin konuyu bir örnekle açıklayalım.

Sınıfta arka sırada oturmakta olan bir öğrenci bir kâğıda yazdığı notu önündeki arkadaşına uzatıp onunla haberleşebilir. Hatta bu notu aradaki diğer öğrencilerin elden ele iletmesiyle en öndeki arkadaşına da ulaştırabilir. Böyle yaptığında nörotransmitter gibi davranmış olur. Yani etki gücü sadece bu bilgiyi (not) paylaştığı sinir hücresiyle sınırlıdır. Diğer taraftan sınıftaki öğretmeni düşünelim. Kendisi elindeki kitaptan bir bölümü yüksek sesle öğrencilere okumaktadır. Yani bir bilgiyi aynı anda birçok öğrenciyle daha hızlı ve daha güçlü bir şekilde paylaşmaktadır. İşte öğretmenin burada yaptığı da **nöromodülatör gibi davranmaktır.**

Şimdi diyebilirsiniz ki *nöromodülatör olmak çok daha etkiliyse neden nörotransmitter gibi davranarak vakit kaybediyorum ki!* Çünkü bazı bilgiler vardır o bilgiyi sadece ilgili kişi duymalıdır. Bazı bilgiler ise kitleleri harekete geçirmekte kullanılır. İşte o nedenle sadece istediğimiz nöronları tek tek uyarmak için nörotransmitter kullanıyoruz. Daha bilimsel ifade edersek nörotransmitter yerel (lokal) anlamda etkiliyken nöromodülatör geniş çapta (volümetrik) etkilidir.

İlkel İnsanın Mutluluk Arayışı

Dopamini moleküler düzeyde tanımladıktan sonra varoluş amacını daha iyi tartışabiliriz. Sizlerin de bildiği üzere insanların çok çeşitli hedefleri vardır. Kimisi Nobel ödülünü kazanmayı kafasına takmışken kimisi erkenden emekli olup köye yerleşmeyi ve domates yetiştirmeyi düşler. İnsanların hayalleri ve bu doğrultuda koydukları hedefler muazzam bir çeşitliliğe sahiptir. Oysa yeryüzündeki tüm insanlığın hatta tüm canlılığın temel amacı tektir ve aynıdır. Yapabildiğin kadar hayatta kal ve bu sırada olabildiğince soyunu çoğaltmayı çalış. Açıkçası olaya sosyolojik ve kültürel anlamda baktığımızda bu temel amaçlar çok ilkel gözükebilir ama atladığımız önemli bir detay var. Modern insan günlük hayatında bilim ve teknoloji içinde inanılmaz havalı bir yaşam sürse de kafasının içinde taşıdığı beyin, çalışma prensipleri açısından yüzlerce yıl önceki atasından çok farklı değildir. O nedenle beyindeki devreleri gerçekten anlamak için meseleye günümüz şartlarında, entelektüel bir şekilde değil tümüyle o dönemin ilkel insanının gözüyle bakmalıyız.

Yeryüzündeki tüm canlılığın genetik kodlarına baktığınızda çok temel iki anayasa kodu görürsünüz. Bu kodlar değiştirilemez ve değiştirilmesi teklif dahi edilemez. **O nedenle canlılığı oluşturan her hücre "hayatta kal ve soyunu devam ettir" ilkeleri doğrultusunda gelişmiştir.** Doğal olarak beynimizdeki tüm merkezler ve sinir devreleri de bu iki amaç doğrultusunda şekillenmiştir. Bu devrelerin büyük bir kısmı insanın bilinçli kontrolüne bırakılamaycak kadar değerli olduğundan bizden bağımsız bir şekilde çalışırlar. Aslında burayı "derin beyin" gibi düşünebilirsiniz. Sizin haberiniz bile olmadan sizler adına tonlarca karar alan ve uygulayan bir merkez. Bunu yaparken de sizi üzmemek adına patron sizmişsiniz gibi davranmayı asla ihmal etmez. Beynin iç ve orta kısımlarında yer alan ve limbik sistemle doğrudan etkileşimde bulunan bu bölgeler ödül merkezi ve duyguları doğrudan kullandığı için etkili bir rol üstlenirler.

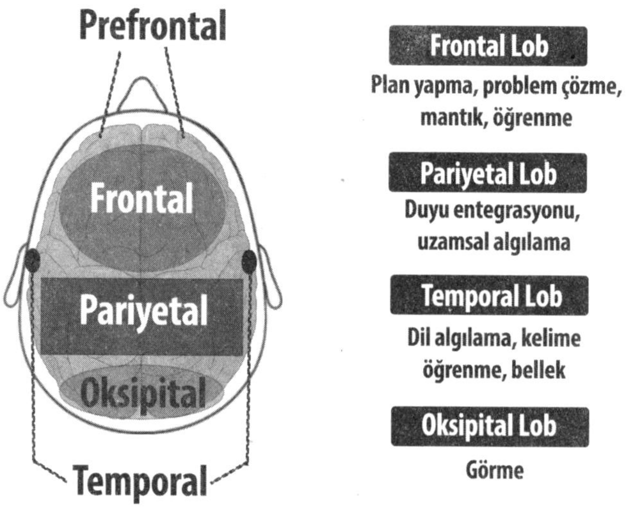

Beynin yukarıdan görünümü ve lobların dağılımı.

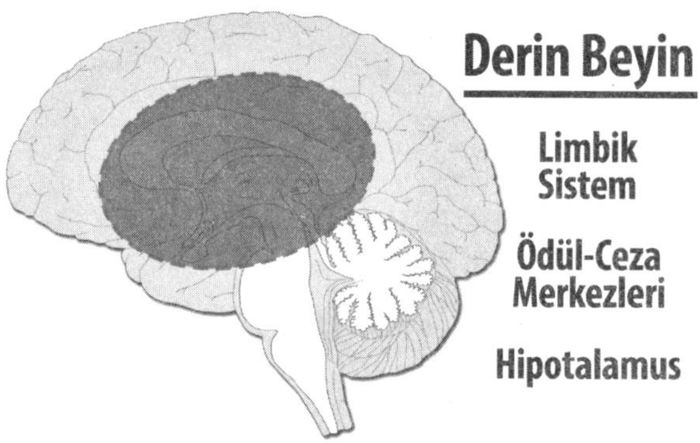

Beynin iç kısmının ortasında yer alan derin beyin bölgesi ve burada bulunan önemli merkezler

Entelektüel insan duygulara çok farklı anlamlar yükleyerek onları saatlerce tartışabilir ama gerçekte duygu dediğimiz şey beynin en temel yazılımıdır. Korku, öfke, tiksinti, mutluluk gibi temel duygular tümüyle sizi korumak ve keşfetmenizi sağlamak amaçlı çalışırlar. Bilinçli verdiğiniz kararlardan sorumlu olan prefrontal korteksiniz ne kadar gelişmiş olursa olsun asıl patron her zaman derin beyin olacaktr çünkü bu sinir devreleri genetik kodunuzun temelindeki iki yasaya ölümüne hizmet eder.

Peki derin beyni bu kadar güçlü kılan ne? İşte bu noktada limbik sistem dahil beynin birçok bölgesine uzantılar gönderen en eski temel devre karşımıza çıkar. **Ödül-ceza merkezleri.** Beynimizin tüm çalışma mekanizması buranın felsefesi üzerine inşa edilmiştir. Mesela beslenme eylemini düşünün. Kimse "hücrelerimin çalışması için ATP'ye ihtiyacım var" diye yemek yemez. Buradaki mantık basittir. İnsanlar yemek yer çünkü açlık çok kötü bir histir. Açlık sırasında ceza ve öfke merkezleri o kadar etkili uyarılır ki o histen bir an önce kurtulmak için her şeyi yapacak hale gelirsiniz. Bu motivasyon sonucunda bir şekilde yemeğe ulaştığınız an sadece ceza merkezini susturmakla kalmaz aynı zamanda ödül merkezinizi de coşturmuş olursunuz. Aslına bakarsanız hayattaki temel davranışların tamamının altında bu çalışma mekanizması yatar. İşte dopamin bu yüzden çok kritiktir çünkü ödül-ceza sistemindeki o hassas dengenin oluşmasında önemli rol oynar.

Mağara Adamının Dopaminle İmtihanı

Dopaminin çalışma felsefesini daha iyi anlamak için biraz eskilere gitmemiz gerek. Hayatta kalmanın inanılmaz zor olduğu günlerden bahsediyoruz. Her gün su ve yemeğe ihtiyacınız var ama etrafınızda alışveriş yapabileceğiniz bir market yok. Yiyeceklerin büyük bir kısmı sizden kaçabildiği gibi bazı yiyecekler fırsatını bulduğunda sizi yiyebilecek kadar tehlikeli bir ortam. İlkel insan risklerin ve bilinmezliğin bu kadar büyük olduğu bir ortamda sadece beynindeki temel ayarlara uyarak hayatta kalmayı başarabilmiştir.

O zamanları gözünüzde canlandırabilirsiniz. Hayatta kalabilmek için her gün yemek ve temiz su kaynağı bulmak zorundasınız. Hava karardığında uyuyabileceğiniz güvenli bir yere ihtiyacınız olacak. Diyelim ki temel ihtiyaçlarınızı belirli bir rutine oturtmayı başardınız bu durumda da soyunuzu devam ettirecek bir eş bulmanız gerekecek. Örnekleri fazlasıyla çeşitlendirilecek tüm bu "bulmaların" yegâne nedeni "arama ihtiyacıdır". İşte her türlü riske rağmen tüm arayışların temelinde dopaminin ana felsefesi yatar. **Dopamin genelde değişime karşı otomatik bir dirence sahip olan fizyolojimizde "keşif" için gerekli enerjiyi yani motivasyonu üretir.**

İnsanlar genelde dopaminin sadece hazla ilgili olduğunu düşünseler de aslında dopamin sürecin tümünde rol oynar. Önce ihtiyacınız olan şeyi arzulamanızı sağlar. Ona ulaşmanız için sizi sağlam motive eder. Kovaladığınız şeye ulaştığınızda beyninizdeki zevk devrelerini coşturur ve en önemlisi onsuz kaldığınız anlarda canınızı fazlasıyla sıkar. Aşırı motivasyon halinden hiçbir şey yapmak istemediğimiz o anlara kadar tüm hallerimiz doğrudan dopaminle ilgilidir. O nedenle dopamin adeta hayatımızın merkezine yerleşmiş durumdadır. İşin ilginci bu durum sadece biz insanlara özgü bir şey değildir. Benzer bir sistem diğer birçok memeli canlıda da karşımıza çıkar. Yani bir tilki ya da zürafa da aynı sistem aracılığıyla hayatı kovalamaktadır. Diğer taraftan dopaminin daha az gelişmiş canlılar üzerinde de etkili olduğunu biliyoruz. Başta toprak solucanı *c. elegans* olmak üzere salyangoz, sülük, zebra balığı ve yengeç gibi canlıların hareket yetenekleri ve davranışları üzerinde de etki gösterebilmektedir.

Sen Bitkisin Dopaminle Ne İşin Olur?

1968 yılında gerçekleştirilen bir keşifle bilim dünyası çok ilginç bir sonuçla karşılaştı. Dopamin bitkilerde de bulunmaktaydı. Günümüze kadar yapılan çeşitli çalışmalar dopaminin, bitkilerin hem biyolojik hem de fiziksel faktörlere verdiği cevaplarda etkili olduğunu göstermektedir. Burada teknik bir bilgi paylaşalım. Dopamin bitkilerdeki etkisini reseptörler üzerinden değil, kimyasal ve fizyolojik etkileşimler aracılığıyla doğrudan gösterir. Mesela kuraklık durumlarında bitkinin suyu daha verimli kullanmasını ve fotosentez ürünlerinin korunmasını sağlar. Bitki açısından bir *tuz stresi* oluştuğunda antioksidan etkiyi artırarak olası zararları azaltır. Diğer taraftan besin taşınmasını artırarak, hatta daha iyi besin alabilmek için kök organizasyonuna bile müdahale ederek bitkinin büyüme ve gelişmesinde etki gösterir. Bazı bitkilerde iyon değişikliklerine karşı koruma sağlar ve şeker metabolizmasında etki gösterir.

Hani farklı dillerde benzer şekilde vurgulan kelimeler vardır ya. Mesela "şeker" kelimesi. İngilizce "sugar", Almanca "zucker", Arapça "sukkar" ve Farsça "shakar" olmak üzere benzer bir ifadeye sahiptir. Dopamin açısından olaya baktığımızda da farklı canlı türleri arasında adeta "ortak bir dil, bir ifade" karşımıza çıkmaktadır. Bu ortak dil yeri geldiğinde insanı yeri geldiğinde ise bitkiyi hareket geçirecek kadar kuvvetlidir.

Run Forrest Run

Artık dopaminin varoluş felsefesi hakkında bir fikrimiz var. İhtiyaç duyduğumuz her şeyin peşinde koşabilmemizi tümüyle dopamine borçluyuz. İşte modern insanın dramı tam da bu noktada başlar. Sizlerin de fark ettiği üzere insanlık temel ihtiyaçlarını karşılamayı çok uzun yıllar önce halletti. Ama bir önceki bölümde bahsettiğimiz üzere sistem gerçekte ihtiyacımız olmayan bir sürü uydurma ihtiyacı hayatımıza sokmaya devam ediyor. Bunu da dopaminin çalışma mekanizmasını sömürerek yapıyorlar. Evet dopamin ilkel insanın ihtiyacının peşinden koşabilmesi için vardı ama mağara adamı suya ya da yemeğe ulaştığında en azından durup dinlenme şansı buluyordu. Peki ya biz?

Dopamin sistemimizi öyle bir *hack*'lediler ki etrafımızda peşinden koşulması gereken tonlarca uydurma ihtiyaç var. O nedenle sürekli koşuyoruz. **Hatta bu duruma o kadar alıştırıldık ki artık amaç bir yere ulaşmak değil sadece koşmak olmuş.** Kaç yaşında olursanız olun bu kadar yorgun hissetmenizin temel nedeni koşmak. Bu kadar koşup da varış noktasına ulaşamamak gerçekten insanı fazlasıyla tüketen bir durumdur. O nedenle modern toplumun içinde tükenen bir insana dönüşmek istemiyorsanız cidden yavaşlamanız, durmanız hatta bazen geri geri gitmeniz lazım. İşte bunu başarabilmeniz için de dopaminin fizyolojik çalışma mantığını çok iyi anlamanız gerek. İyi öğrenin ki yabancı parmaklar sisteminizi *hack*'leyemesin.

Bölüm 3

Dopamin Borsası
Zirve ve Çöküş

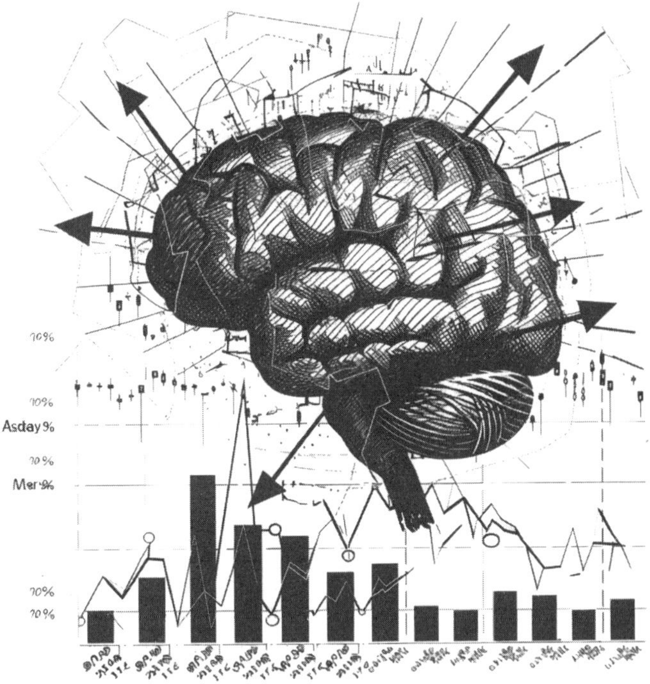

Ufak şeylerden zevk alabilmek,
lüks yerine zarafet aramak,
saygı beklemek yerine değerli olmak,
zengin olmak yerine kimseye muhtaç olmamak,
sıkı çalışmak, sessizce düşünmek ve dürüst konuşmak.
Yıldızları, kuşları, bebekleri ve bilgeleri açık kalple dinlemek.
İşte benim senfonim.

William Ellery Channing

Dopaminin çalışma mantığını detaylı bir şekilde incelemeden önce önemli bir uyarıda bulunalım. Bu kitapta dopamini çoğunlukla arzu, haz, motivasyon ve acı ekseninde inceleyeceğiz. Oysa dopaminin vücudumuzda çok farklı etkileri de bulunmaktadır. Mesela hareket. Dopamin, motor hareketlerin oluşturulması ve uygulanmasında rol oynayan merkezler ve sinir devreleri üzerinde oldukça etkilidir. Örneğin burada bir sorun olduğunda **Parkinson hastalığı** dediğimiz bir durum ortaya çıkar. *Geleceğe Dönüş* serisinin yıldızı Michael J. Fox (Marty McFly) sayesinde birçok kişide farkındalık oluşturan Parkinson hastalığında dopamin üreten bölgede hücre kayıpları oluşmaktadır. Doğal olarak azalan dopamin üretimi nedeniyle hareketlerin kontrolü, uyumu ve akıcılığında ciddi sorunlar ortaya çıkar. Hareketler yavaşlar ve dinlenme halinde titremeler gözlenir.

Dopaminin doğrudan rol aldığı bir diğer önemli olay ise zaman algımızdır. Bir yerlerde beynimizdeki biyolojik saati ve buna bağlı sirkadiyen ritmi görmüşsünüzdür. Aslına bakarsanız beynimizin derinlerinde ikinci bir saat daha vardır ve bu saat dopamin ile çalışır. Çocukken bir türlü geçmek bilmeyen zaman algımızın yaşlılıkta hızlanmasının temelinde bu saatin dopamin ile olan ilişkisi yatmaktadır. Açıkçası dopaminin diğer etkileri hakkında da örnekler çoğaltılabilir ama gelin biz konumuza yani arzu, haz, motivasyon ve acının iç içe yer aldığı dopaminin asıl hikâyesine bakalım.

Önemli bir soruyla başlayalım. Madem aldığımız hazdan dopamin sorumlu, bu durumda ne kadar çok dopamin o kadar çok mutluluk ve motivasyon mu demek? İlk bakışta gayet mantıklı gözükse de biyolojinin karmaşık devreleri açısından baktığımızda bu denklem fazlasıyla basit ve bir o kadar hatalı bir yaklaşım olur. Öyle ki dopamin seviyesini sürekli zirvede tutmaya çabaladığınız bir model sizin açınızdan çok daha kötü sonuçların doğmasına yol açar. Aslında bunun çok basit bir nedeni var. Ne demek istediğimizi daha iyi anlatabilmek için tam burada sizi yeni bir kavramla tanıştırmamız gerekiyor.

Homeostaz fizyolojinin anayasasının ilk sayfasında büyük harflerle yazılı olan en temel kurallarımızdan birisidir. *Homeo* kelimesi "benzer", *staz* ise "sabit" anlamına gelmektedir. **Yani homeostaz kelimesi vücudumuzdaki tüm fiziksel ve kimyasal olayların belirli bir "denge" içinde olması gerektiğini vurgular**. Evet fizyolojimizde artışlar, azalışlar, sürekli bir değişim olsa da tüm bu değişiklikler hassas bir denge içinde gerçekleşmek zorundadır. İşte tam da bu nedenle "ne kadar çok dopamin o kadar çok mutluluk ve motivasyon" diye bir şey olamaz çünkü böyle bir durum homeostazla uyuşmaz.

Dopamin ve Kredi Kartının Limiti

Fizyolojimize ait tüm sistemlerin homeostaz sınırları içerisinde çalışması gerektiğini vurguladıktan sonra konumuza dönebiliriz. Birazdan bahsedeceğimiz bilgiler kitabın en önemli kısımlarından birisi olacağı için bundan sonraki birkaç sayfayı algılarınızı artırarak okumanızı rica ederiz. Çünkü dopaminin salgılanma mekanizmasındaki felsefeyi anlamak, hayata dair o ince detayı görebilmek için çok önemli. İlk bilmemiz gereken şu. **Beynimizin bir yerlerinde sınırsız üretilen, sihirli bir kimyasal yok.** Sahip olduğumuz dopamin miktarı belli ve bunu dengeli kullanmak zorundayız. Yani sürekli mutluluk ve haz peşinde koşmak, dopaminin çalışma mantığına aykırıdır. Yaşayacağımız her mutluluk için dopamin gerekli olacağından bu depoları çok hassas biçimde kullanmalıyız. Zira bu süreçte çoğumuzun farkında olmadığı asıl gerçek, dopamin artışını takip eden çöküştür. Birazdan bu çöküşün ne anlama geldiğini konuşacağız.

Aslında dopaminin genel çalışma mantığını kredi kartı kullanımına benzetebiliriz. Diyelim ki kredi kartı limitinizin büyük bir kısmını dolduran önemli bir alışveriş yaptınız. Olması gereken nedir? Zamanla taksitlerinizi ödeyip kullanacağınız limitinin eski haline dönmesini beklersiniz. Sonra yine alışverişinizi yaparsınız ve bütçenize uygun davrandığınız müddetçe elinizin altındaki bu teknoloji gayet kullanışlıdır. Ama sizin de bildiğiniz üzere insanların çoğu kredi kartı kullanımında sıkıntılar yaşayabilmektedir çünkü bu teknoloji kullanıcıya daha farklı bir alternatif de sunmaktadır.

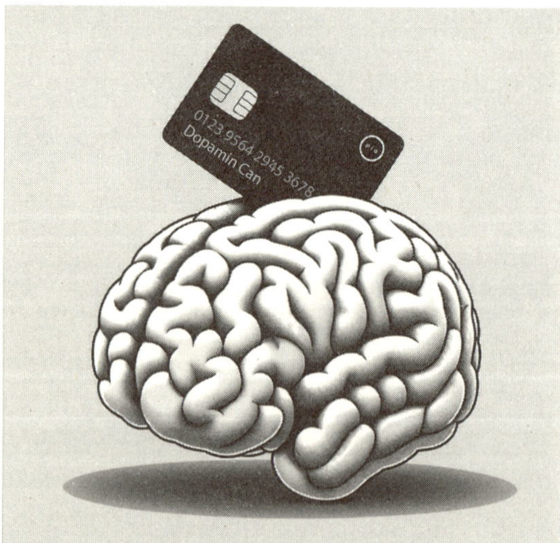

Aynı örnekten devam edelim ve yine limitinizin büyük bir kısmını dolduracak bir alışveriş yaptığınızı varsayalım. Az önce bahsettiğimiz gibi normal şartlarda yapmanız gereken, harcamalarınızı bir süreliğine azaltmak olsa da şu saçmalığı da tercih edebilirsiniz. Bankaya başvurarak kredi kartınızın limitini artırabilirsiniz. Böylece almak istediğiniz şeyler için bir anda imkân oluşacaktır. Peki ya ödeme zamanı geldiğinde ne olacak? Hiç sorun değil çünkü sistem, borcunuzun sadece asgari tutarını ödemenize de izin vermekte. Şimdi düzen böyle çalışınca ortaya birçok kart sahibini yamultan o davranış örüntüsü çıkar. Koşullar uzun süre harcama yapmanıza izin verdiğinden aldığınız her ürünle beraber çok daha güçlü bir şekilde dibe gidersiniz ve o kart bir gün patlar. Bırakın içerideki toplam borcu, bu borcun faizlerini bile ödeyemeyecek duruma gelebilirsiniz.

O zaman can alıcı sorumuzu soralım. Bu duruma düşmenizin sebebi kredi kartı mı yoksa onu nasıl kullanmanız gerektiğini bilmemeniz mi? İşte söz konusu dopamin olduğunda da sistem buna çok benzer bir şekilde çalışmaktadır. Evet belli bir süreliğine önünüze çıkan her şeyi bir haz coşkusuna dönüştürebilirsiniz ama süreç sonunda o dopamin patlamak zorunda. O nedenle uzun süreli huzur kavramı için öncelikle dopamini dengeli kullanma fikrini anlamamız gerekir

Dopaminin Salgılanma Mekanizması

En baştan çok önemli bir uyarı yapalım. Vücudumuzda her an gerçekleşen temel işlevlerin sürdürülmesinden tutun size aşırı haz verecek bir maddeyi tükettiğiniz o ana kadar dopamin molekülü birçok noktada aktif rol oynamaktadır. Durum böyle olunca dopamin seviyelerindeki anlık değişimleri sürekli ölçmek ve farklı ruh hallerine göre karşılaştırmak teknik anlamda uygulanması çok ama çok zor bir süreçtir. Bugüne kadar yapılan bilimsel araştırmalar bu konuda bize genel anlamda fikirler verse de kesin tanımlamalar yapmaktan henüz uzağız. Bununla birlikte dopaminin salgılanma süreciyle ilgili elde edilen bilimsel bilgileri işin içine yorum katarak basit bir dille açıklamaya çalışan çeşitli anlatım modelleri bulunmaktadır. Bunlar teknik detaylardan ziyade olayın işleyişini genel bir anlatımla özetlemeye çalışırlar.

Aşağıdaki grafiksel anlatımın şu ana kadar elde edilen bilimsel bilgi ve yorumlar çerçevesinde oluşturulduğunu özellikle belirtelim. Dopaminin salgılanma sürecinde gerçekleşen temel olaylar hakkında bize bir fikir verse de bu konuda net tanımlar yapabilmek için daha ileri analizlere ihtiyacımız olduğunu lütfen unutmayın.

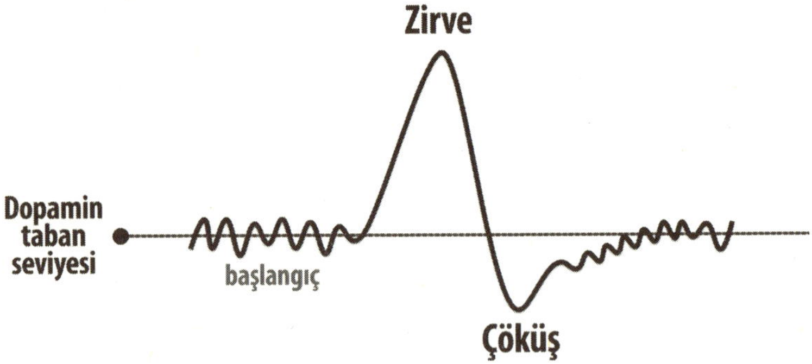

Dopaminin Salgılanma Aşamaları

Görseldeki kesikli yatay çizgi dopaminin taban seviyesini göstermektedir. Peki taban seviyesi dediğimizde ne anlamamız gerekiyor? **Vücudun temel işlevlerini sürdürmek için gerekli olan ve sistemde sürekli olarak dolaşan bazal dopamin miktarını taban seviyesi (*baseline*) olarak düşünebilirsiniz.** Sabah yataktan kalkma, okula ya da işe gitme gibi basit motivasyonları az miktardaki bu dopamin seviyesi ile halledebiliriz.

Gördüğünüz üzere dopamin başlangıçta taban seviyesinde salgılanmaktadır. Sizi mutlu etme potansiyeli olan bir eylem gerçekleştiğinde dopamin seviyesinde hızlı bir artış meydana gelir. İşte bizlerin haz olarak hissettiği o müthiş duygu dopamin miktarının zirveye ulaştığı bu kısımda gerçekleşir. Bu noktada önemli bir detaydan bahsedelim. Dopamin seviyesindeki bu hızlı artış daha önce depolanmış dopaminlerin bir anda sisteme eklenmesi sayesinde oluşur. Yani aldığınız her haz beyninizin bir yerlerinde boşalmış bir dopamin deposu anlamına gelir. Bunun neden çok önemli olduğunu grafiğimizin devam eden kısmında göreceğiz.

Dopamin seviyesi zirve yaptıktan hemen sonra keskin bir şekilde düşmeye başlar. Bu düşüş elbette beklediğimiz bir durum olsa da sizin de fark edeceğiniz ekstra bir olay gerçekleşir. **Dopamin miktarı başlangıçtaki taban seviyesinin de altına iner. İşte bu kısma dopamin çöküşü adını veriyoruz.** Bu durumun oluşma nedeni zirveye ulaşma sürecinde fazladan kullandığımız dopaminden kaynaklanır. Yapılan bilimsel araştırmalarda gözlenen dopamin çöküşlerinin genellikle güçlü uyaranların (ilaç, uyuşturucu madde vb.) kullanımı sonrasında belirgin bir şekilde oluştuğunu görsek de bu çöküşleri (daha az belirgin olanlar dahil) dopaminin salgılanma mekanizmasının bir parçası olarak yorumlayabiliriz.

Çöküşün ardından dopamin miktarının bir an önce "taban seviyesine" çıkması gerekir zira vücudumuzda gerçekleşen temel işler için ihtiyacımız olan dopamin belli bir seviyede olmalıdır. Harcanan dopaminin yerine konması için zamana ihtiyaç vardır. Çöküşün ardından eksik kalan dopaminin üretildiği bu süre boyunca motive olmak çok zordur. Çöküş ne kadar derin olursa taban seviyesine dönüş de o kadar uzun sürecektir. Dopaminin salgılanması sırasında meydana gelen değişimler durum ve koşullara göre değişkenlikler gösterse de ana süreci genel anlamda bu şekilde özetleyebiliriz.

Rahatlama Zamanı

Yaklaşık üç-dört sayfa önce sizi uyarmış ve bahsedeceğimiz bilgileri tüm algılarınız açık bir şekilde okumanızı önermiştik. Artık derin bir nefes alabilirsiniz çünkü zor kısmı halletmiş olduk. Eğer az önce bahsettiğimiz değişimlerin temel mantığını anladıysanız bundan sonra konuşacağımız her şey çok daha kolay olacaktır. O zaman öğrendiklerimiz doğrultusunda ilk önemli yorumumuzu yapabiliriz. **Dopamin zirvesi ne kadar yüksek olursa onu takip eden çöküş de o kadar büyük olacaktır.**

Buradaki mantık basittir. Depolarınızdaki dopaminden ne kadar fazla kullanılırsa çöküş sonunda varılan noktadan taban seviyesine çıkmak o kadar uzun sürecektir. İşte insanların kafasını karıştıran bu dip dönemde hissetiklerimizdir. Büyük hazlar ve başarılar sonrasında görülen durgunluğun ana sebebi bu çöküştür. Canınız hiçbir şey yapmak istemez. Normal yaptığınız işler bile gözünüzde büyür. Kendinizi garip bir boşlukta hissedersiniz. Bu durumlar dopamin seviyesinin düşük olmasından kaynaklanır ve bu hissiyat başlangıçtaki taban seviyesine tekrar yükselene kadar devam eder.

Hani dilimizde çok yaygın bir deyiş vardır ya. "Çok güldük kesin başımıza bir şey gelecek" diye. Atalarımız bunu hangi gözlemi yaparak söylediler bilemeyiz ama dopamin zirvesi ve onu takip eden çöküşü hesaba kattığımızda bu söz inanılmaz bir anlam kazanmaktadır. O zaman gelin dopaminin salgılanma grafiğinden yola çıkarak hayata dair önemli bir ders çıkaralım. Yaşadığımız her önemli haz ya da başarının ardından kendimizi enerjisiz ve amaçsız hissedeceğimiz bir zaman dilimi olacaktır. İşte bu süreci çok ama çok iyi yönetmemiz gerekir. Dopamini dalından yediğimiz için taban seviyesine dönüş biraz sürebilir. Aslında bu dönemlerde tek ihtiyacımız olan şey zamandır ama ne yazık ki birçok insan en büyük hatayı bekleme aşamasında yapar. Zirve sonrasında hissettikleri mutsuz ve durağan dönemde sabırla bekleyemedikleri için hemen tekrardan zirveye çıkmanın derdine düşerler.

Kimisi mutlulukla sonuçlanmış sürecin aynısını kısa sürede içinde tekrarlamak ister, kimi ise farklı dopamin kaynaklarına yönelir ya da onları birleştirmeye çalışır. Aslına bakarsanız bu yaklaşımların hepsi ağzına kadar dolmuş bir kredi kartınının limitini artırmaktan başka bir şey değildir. Kısa vadede sorunu çözer gibi gözükse de uzun vadede sizi batıracaktır. Oysa bu dönemlerde yapılması gereken şey çok basittir. Dopamin depoları yenilenene kadar sabırla beklemek. Tıpkı kullanılabilir limitiniz eski haline dönene kadar alışveriş yapmamak gibi. Basit gibi gözüken bu durumu gerçekleştirmek elbette çok zordur ama dopaminin felsefesini anladıkça bu zorlukların üstesinden gelmeyi başaracağız.

Bölüm 4

Kıymet Bilmez Dopamin ve Teşekkürler Dalak

Bir çiçeğe sahip olmak isteyen,
onun güzelliğinin soluşunu seyretmek zorunda kalır.
Ama bir tarladaki çiçeğe sadece bakmakla yetinirsen,
o hep seninle olacaktır.
Çünkü çiçek akşamın ve gün batımının
ve nemli toprağın ve ufuktaki bulutların bir parçasıdır.

Paulo Coelho

Vücudun temel işlevlerini sürdürmek için gerekli olan dopamin miktarını taban seviyesi olarak ifade etmiştik. **Peki, dopamin taban seviyesi insanlar arasında farklılık gösterir mi?** Mesela sizin taban seviyeniz 2 birimken arkadaşınızınki 3 birim olabilir mi? Eğer olabiliyorsa bu farklılığın hayatımızdaki karşılığı tam olarak nedir? Hatta daha da önemlisi bize ait taban seviyesi yaşam şeklimize göre artış ya da azalış gösterir mi?

İlk sorumuzun cevabı kolay. Dopamin taban seviyesi insanlar arasında farklılık gösterir çünkü bu seviye genetik özelliklerimiz ve fizyolojik faktörler tarafından belirlenir. Peki bu ne anlama gelmektedir? Hepimiz anne babamızdan gelen kalıtsal genler aracılığıyla belirli bir taban seviyesi ile dünyaya geliriz ama bu durum bizim kaderimiz değildir. Beslenme alışkanlıklarımızdan tutun da davranış modellerimize kadar birçok faktör dopamin taban seviyesi üzerinde düzenleyici etki gösterebilir. Yani taban seviyemizin miktarı sabit değildir ve yaşam şeklimize göre değişim gösterebilir. Peki bu seviyenin yüksek ya da düşük olması bizi nasıl etkiler?

Anlatım açısından basitleştirmeye çalışsak da dopamin seviyelerindeki anlık değişimleri takip etmenin teknik anlamda çok zor bir süreç olduğundan bahsetmiştik. O nedenle bu konularda keskin tanımlar yapmak hatalı olabilir. Yine de genel bir değerlendirme yapacak olursak, dopamin taban seviyesi düşük olan insanların üşengeç, motive olmakta zorlanan ve daha kolay mutsuz olan kişiler olduğunu söyleyebiliriz. Karakterlerimizin oluşmasında farklı bir sürü etkenin de rol oynadığının altını çizerek taban dopamin seviyesinin bunun sadece bir parçası olduğunu belirtelim.

Bu bilgiler kimseye bir bahane oluşturmasın. "Kılımı kıpırdatacak halim yok. Ne yapayım. Benim kaderim de bu. Dopamin seviyem yerlerde doğmuşum" gibi cümlelere sığınmayı düşünmeyiniz çünkü asıl mesele sürecin tamamıyla ilgilidir. Ayrıca buradaki devrelerin sadece bir kısmının genetik tabanlı ve doğuştan olduğunu söylemiştik. Yani hayata şanssız başlasanız bile sağlıklı tercihlerle dopamin üretimindeki eksik yerleri optimize edebileceğinizi asla unutmayın. Zaten bütünü görebildiğimizde bunu başarmış olacağız.

Zirvenin Yüksekliği

Çikolata hemen herkesin yemekten hoşlandığı bir üründür. Peki, X kişisinin çikolata yerken aldığı haz ile Y kişisinin aldığı haz aynı mıdır? Bu soruya net bir cevap vermek elbette mümkün değildir çünkü kişilerin yaşı, ağırlığı, cinsiyeti, beslenme şekli, açlık durumu gibi onlarca parametre hazzın algılanmasını etkileyecektir. O nedenle bu iki kişinin birbirlerine çok benzer koşullarda olduğunu varsayarak karşılaştırmamızı yapalım. Aşağıda X ve Y'nin çikolata yediklerinde oluşan dopamin salgılanma grafiklerini görmektesiniz. Sizce hangisi daha çok mutlu olmuş?

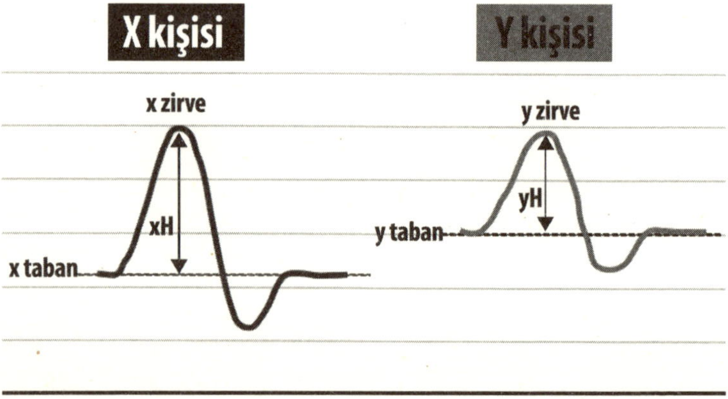

Benzer iki kişinin çikolata yediğinde oluşan dopamin salgı grafikleri

Gözleriniz çok büyük bir ihtimalle doğrudan zirvenin yüksekliğine odaklanacaktır çünkü haz verici bir eylem sonucunda dopamin salgılayarak zirveye ulaştığımızdan bahsetmiştik. Doğal olarak ne kadar çok dopamin salgılarsak zirvenin de o kadar yüksekte olmasını bekleriz. Bu örnekte grafiklerimize baktığımızda X ve Y'nin ulaştığı zirve seviyesinin neredeyse aynı olduğunu görürüz. Acaba bu durum benzer bir haz aldıklarını mı gösterir? Bununla beraber muhtemelen X ve Y'nin başlangıç taban seviyelerinin aynı olmadığını da fark etmişsinizdir. Acaba bu farklılık alınan hazzı etkiler mi?

Eğer bir hazzın büyüklüğünü ölçmek istiyorsanız uygulayacağınız kural nettir. Zirve nerede olursa olsun asıl ölçülmesi gereken kısım, taban seviyesi ve zirve arasındaki mesafedir (H). Bir kişinin aldığı hazzı genel anlamda bu mesafe belirler. **Yani "H" ne kadar büyükse o kadar fazla dopamin salgılanmış demektir.** Bu durumda grafiğimize tekrar baktığımızda xH'nin boyu yH'den büyük olduğu için X'in çikolata yerken daha çok zevk aldığını söyleyebiliriz.

Biliyorsunuz az önce dopamin taban seviyesinin yüksek olmasının iyi bir şey olduğundan bahsetmiştik. İlk bakışta bu tespitin şimdi öğrendiğimiz bilgilerle çelişiyor olabileceğini düşünebilirsiniz. Hatta içimizden biri çok rahat şöyle bir ilişki kurabilir.

Zirvenin ne kadar yükseğe ulaşacağını bilemem ama dopamin taban seviyemi ne kadar düşük tutarsam alacağım haz o kadar yüksek olur. Sonuçta hazzı belirleyen mesafenin (H) büyüklüğü değil mi?

En baştan şunu belirtelim. Grafik üzerinden anlatmaya çalıştığımız taban seviyesi, ulaşılan zirve ve takip eden çöküş gibi kavramlar birbirlerine bağlı yakın ilişkide olan parametrelerdir. Yani bazı noktaları sabit tutup istediğimiz noktayı aşağıya ya da yukarıya hareket ettirebileceğimiz bir yapı söz konusu değildir. Doğal olarak bir yerde meydana gelen değişim diğer kısımları da dolaylı olarak etkileyecektir. Diğer taraftan yukarıdaki önerinin gerçekleşeceği koşullar oluşsa bile dopamin taban seviyesini aşağıya çekip hazzı artırmak girişimi yine anlamsız olurdu. Çünkü daha önce de söylediğimiz gibi taban seviyesi ne kadar düşük olursa günlük rutindeki işleri yapma motivasyonu ve istekliliği o kadar az olacaktır. Yani "kanepeden kalkacak halim yok ama çikolatayı da maksimum hazda yiyorum" demek ne kadar anlamlıysa bu girişim de ancak o kadar anlamlı olur.

Özetle insanların büyük bir kısmı gibi kafayı sadece zirvenin yüksekliğine takarsak ana fikri asla çözemeyiz. O nedenle değişimin tümünü görmek gerekir. Olaya bütüncül baktığımızda taban dopamin seviyesinin yüksek olmasının uzun vadede bizleri yaşanacak olan aşırı haz ve aşırı dip hareketlerinden koruyacağını söyleyebiliriz. Yani en başta altını çizdiğimiz üzere tüm yollar homeostaz denen manzaraya çıkmak zorundadır. Zor bir konuyu ele aldığımız için kafalar bir miktar karışmış olabilir ama merak etmeyin. Sonuçta hiçbirimiz hayatımızı grafiklere, taban zirve arasındaki yükseklik farklarına bakarak yaşamıyoruz. Aslolan başımıza gelen olaylar ve bunlara karşı verdiğimiz tepkilerdir. Şu an yaptığımız sadece sistemin çalışma mekanizmasını anlamak. Bunu başardığımızda hissetiklerimiz daha bir anlam kazanacaktır.

Yeninin Peşinde Koşan Dopamin

X ve Y kişilerinin çikolata yediğinde aldığı hazları konuştuktan sonra bir başka önemli soruyu ele alalım. Peki, X adlı kişi bu çikolatayı her yediğinde aynı hazzı mı alır? Elbette burada önemli olan çikolatanın hangi sıklıkta ve koşullarda yenildiği olsa da değinmek istediğimiz asıl kısım **zevk veren bir eylemi tekrarladığımızda alınan hazzın nasıl etkileneceği sorusudur.** Aslında bu soruyu cevaplamak için herhangi bir sinirbilim bilgisine ihtiyacımız yok çünkü bu hissi hayatımız boyunca defalarca yaşadık.

Hatırlayalım. Güzel olan bir eylemi ilk denediğimizde yüksek bir zevk alırız. Fakat birkaç tekrarın ardından ilk başlarda aldığımız hazzın etkisi azalır. Bu hissiyat bir bilgisayar oyunu için de geçerlidir çok sevdiğimiz bir insan için de. Mesela en çok sevdiğiniz o yemeği düşünün. Her gün ve her öğün bu yemeği yemek zorunda kalsaydınız ne olurdu? Muhtemelen 1-2 hafta içinde artık o yemeği görmeye tahammül edemeyecek bir noktaya gelirdiniz. Sahi ne oldu da çok sevdiğimiz o şey bir anda tüm anlamını yitirdi?

O zaman hazırsanız dopaminin çalışma felsefesiyle ilgili çok önemli bir bilgiyi daha nöronlarımıza kazıyabiliriz. **Dopaminin önceliği her zaman yeniliklerdir.** Buradaki mantık çok basit aslında. "Tamam sana zevk veren bir şey keşfettin ve onu elde ettin. İlk zamanlar onun sayesinde epey bir dopamin de salgıladın ama artık yeter çünkü yeni kaynaklara ve hedeflere yönelmen lazım." Eğer diğer türlü olsaydı keşfettiğimiz ilk ödül kaynağının başına oturur *kıymetlimisss, kıymetlimiss* diyerek sadece onu seven bir Gollum'a dönüşürdük. Eğer *Yüzüklerin*

*Efendisi'*ni okuduysanız ya da izlediyseniz Gollum'un nasıl bir hayatı olduğunu zaten biliyorsunuzdur. Eğer hiçbir fikriniz yoksa da sorun değil çünkü böyle bir yaklaşımın hayat ile bağdaşmayacağını az çok tahmin edebilirsiniz.

Teşekkürler Dalak

Keşfetme ihtiyacı ve yeniliklerin yaratacağı heyecan dopaminin temel varoluş felsefesini oluşturur. Kim bilir belki de dopamin felsefesinin derinlerinde nefes alan bu ince detay insanı diğer memelilerden ayıran en temel etken olabilir. Zira keşfetmek konusundaki motivasyonumuza baktığımızda bizdeki dopaminin yeniliklere karşı çok daha meraklı olduğunu söyleyebiliriz. İçine sıkıştığı mutsuzluktan kurtulmak için uzun saçlarını kısacık kestiren kadından tutun hücre zarındaki herhangi bir reseptörün alt tiplerini keşfetmeye çalışan bilim insanına kadar hayatımızın birçok noktasında yeniliğe ne kadar ihtiyaç duyduğumuzu görebiliriz. Dopaminin yeniliğe bu denli düşkün olması harika bir motivasyon kaynağı olsa da sosyal hayatlarımızda çok ilginç bir paradoksla yüzleşmemize neden olur.

İnsan denen canlının hiçbir şeyin kıymetini bilmemesinin altında yatan temel mekanizma dopamin devrelerimizden kaynaklanır. Bir şeyi ne kadar istediğiniz ya da o şeyin sizin için ne kadar hayati önem taşıdığının inanın bir önemi yok. Onu elde ettiğiniz anda dopamin olarak zirveye ulaşırsınız ve o elinizin altında bulunduğu müddetçe artık sizin için yeterli bir dopamin kaynağı değildir. Çünkü dopamin der ki, "bu tamam hadi sıradaki yeni gelsin." Lütfen unutmayın. Bu yaklaşım elde ettiğiniz şeyin değerinden bağımsız tümüyle sizin algılayış biçiminiz ile ilgilidir. Aslında ne demek istediğimizi çok bilindik bir tema üzerinden anlatabiliriz. Koşulsuz sevmek.

Aşk dediğimiz kavram sinirbilim açısından inanılmaz karışık bir konu olup tek başına birkaç kitap dolduracak kadar içeriğe sahip derin bir meseledir. O nedenle bu örneğimizde olaya sadece dopaminin felsefesi üzerinden yaklaşacağız. Hayata dair çok önemli bir gerçeği aklınızdan çıkarmayın. Bir insanı koşulsuz sevmeniz ya da hayatınızı ona adamanız kitap ve sinema dünyası için inanılmaz romantik bir davranış gibi gözükse de gerçekte sizi sıradanlaştırmaktan başka bir işe yaramaz. Keşke çok sevdiğimiz her şey bizi o kadar sevseydi. Ama ne yazık ki ortada basit bir denklemden çok daha fazlası var. **İşte tam da bu yüzden bir insan bedava ya da karşılıksız olan hiçbir şeyin kıymetini bilmez.** Bilemez. Buna sevgi de dahil ne yazık ki. Çünkü dopaminin yeniliklere duyduğu yoğun ilgi bu kalıcı ilişkinin kurulmasının önündeki en büyük engeldir.

Mesela kendinizi düşünün. Hayatınız boyunca bir kez olsun dalağınıza teşekkür ettiniz mi? Tek bir kez bile... Şöyle ellerinizi karın bölgenizin sol tarafına koyup "İyi ki varsın sevgili dalak, sen olmasan ben ne yapardım" dediniz mi? Muhtemelen hayır. Oysa o dalak her gün deli gibi çalışıp tüm ömrünü sizin için harcamakta. Ama bu durum sizin zerre umurunuzda değil. Sadece ne zaman dikkatinizi çekecektir biliyor musunuz? Bir aksilik çıktığında ve doktorlar dalağınızın artık eskisi gibi çalışamayacağını söylediğinde.

İşte bu "kıymet bilmezlik" ilkesi, dopaminin çalışma felsefesinden öğrenmemiz gereken en temel olguların başında gelir. Peki, bu bilgi ne işimize yarayacak? *Lanet olsun kıymet bilmeyen dopamine de sinir sistemine de* diye isyan mı edelim? Aslında hayır. Tamam sisteme yüzeysel baktığınızda böyle çalıştığını görüyorsunuz ama olur da daha derinlere inme şansı bulursanız muazzam bir güzellikle karşılaşacaksınız. Bu güzelliğin adı minnet duymak. Şükretmek. Bu kavramlar sizin için tam olarak ne anlama geliyor bilmiyoruz ama eğer minnet olgusunun beynimiz üzerindeki etkisini gerçekten algılarsanız karşınızda hiç tükenmeyecek yeni bir dopamin kaynağı bulmuş olacaksınız.

Mutlulukla ilgili yapılmış ve halen devam etmekte olan en uzun süreli (85 yıllık) araştırmayı inceleyeceğimiz bölümde (bölüm-10) minnet duygusu ve dopamin arasındaki ilişkiyi daha detaylı ele alacağız. İşte o kısımda dopaminin kıymet bilmez gibi davranmasına rağmen arka planda minnet duymak ve şükretmek konularında bize ne kadar cömert davrandığını göreceksiniz. Yine de bu bölümü bitirmeden çok kısaca kendinize şu gerçeği hatırlatın. Bir şeyin önemini onu kaybetmeden anlayabilen insan sayısı ne yazık ki çok azdır. O nedenle kendinizi ve değerinizi insanlara hatırlatmayı asla ihmal etmeyin. Ha bir de ara sıra teşekkür edin dalağınıza ve diğer tüm organlarınıza. Kim bilir belki de teşekkürünüzü duydukları için daha çok bağlanırlar size ve hayata.

Bölüm 5

Beyindeki Dopamin Devreleri ve Kontrol Kimde?

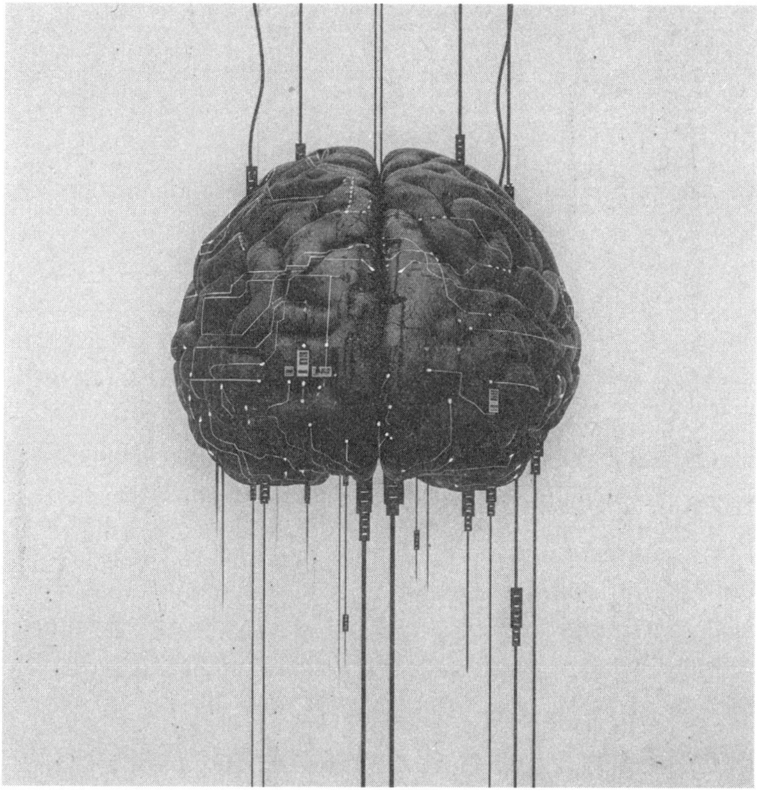

Belki de mutluluk şudur:
Başka bir yerde olmanız, başka bir şey yapmanız,
başka biri olmanız gerekirdi duygusuna kapılmamak.

Isaac Asimov

Dopamini molekül düzeyde tanımladık ve salgılanmasındaki mantığı anlamaya çalıştık. Peki bu molekül beynimizde nasıl bir dağılım gösteriyor? Bu soru kritiktir çünkü birazdan göreceğimiz üzere dopamin yolaklarında müdahale edebileceğimiz yerler olduğu gibi asla elimizi süremeyeceğimiz bölgeler de var. Eğer bu bölge ve yolakları iyi anlarsak dopamine nerede ve ne tarz bir müdahalede bulunabileceğimizi öğrenmiş oluruz. Hatırlarsanız dopaminin nöromodülatör özelliği sayesinde beyinde yaygın bir dağılım gösterdiğinden bahsetmiştik.

Dopaminin beynimiz üzerinde etkili olduğu temel üç yolak bulunmaktadır. ***Nigrostriatal yolak*** genel anlamda hareketin düzenlenmesinde etkili olduğundan bu kitapta sadece ödül, haz ve motivasyon üzerinde daha fazla etkili olan diğer iki yolaktan (*mezokortikal yolak ve mezolimbik yolak)* bahsedilecektir.

Beyin sapının en üst kısmına *mezensefalon* (orta beyin) denmektedir. Burada *ventral tegmental alan* (VTA) adını verdiğimiz bir yer bulunur. Söz konusu ödül, motivasyon ve arzularımız olduğunda VTA bizim için mühim bir bölgedir çünkü dopamin yolculuğumuz bu noktadan başlar. Buradan çıkıp beynin farklı alanlarına giden iki önemli yolak vardır. İlki alnımızın hemen arkasındaki prefrontal kortekse ve diğer kortikal bölgelere gider. Bu yolağa *mezokortikal yolak* denir.

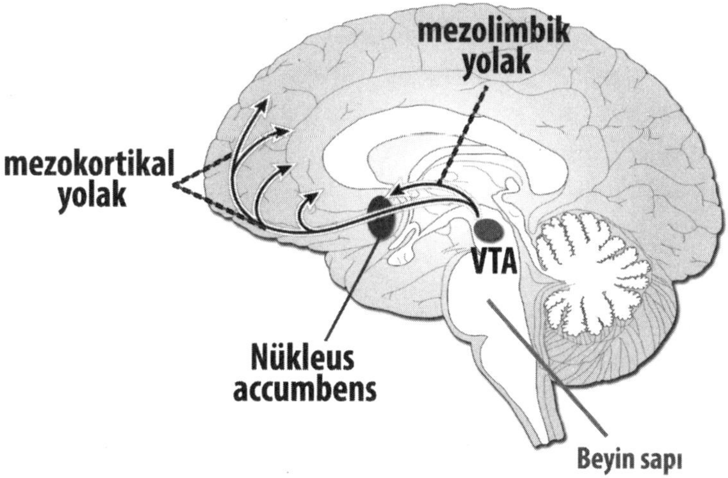

Ödül, haz ve motivasyonda etkili olan dopamin yolakları
(VTA: ventral tegmental alan)

Bu yolak isimleri ilk başta karışık gibi gözükse de adlandırılmaları basit bir mantığa dayanır. Tıpkı tren ve uçak seferlerinde olduğu gibi (ör: Ank-İst) yolağın adını başlangıç ve varış noktaları belirler. Az önce ilgili sinir liflerimizin başlangıç noktasının "mezensefalon" olduğunu söylemiştik. İlk yolumuzun varış kısmı korteks bölgesi olduğundan bu yolağa **mezokortikal yolak** denmektedir.

İlgili yolakların bizim için önemini konuşmadan önce ikinci yolağımızı da tanıyalım. VTA'dan çıkan ikinci yolağımızın istikameti ise beynimizin ortasındaki limbik bölgedir. Mezensefalon'dan başlayıp limbikte sonlandığı için bu yolağa da **mezolimbik yolak** adını vermekteyiz. Arzu, istek, motivasyon, ödülle ilgili aklınıza gelen şeylerin hemen hepsi bu iki yolaktan geçmektedir.

Yolağının Götürdüğü Yere Git

Temel iki yolağımızın çalışma mantığını anlamamız bizim için çok önemli çünkü bu sayede ödül sistemimizi hangi noktalarda, nasıl kontrol edebileceğimizi anlayacağız. Her iki yolak haz ve motivasyonla doğrudan ilgili olsa da etki mekanizmaları farklıdır. Başlangıç noktaları aynı olduğundan bu farkı oluşturan asıl etkenin varış kısmındaki ilgili beyin merkezleri olduğunu tahmin edebilirsiniz. Mezokortikal yolağın prefrontal kortekste sonlandığını söylemiştik. Peki, bu bölge tam olarak ne iş yapar?

Beynimizin ön kısmını oluşturan prefrontal korteksi entelektüel beyin bölgemiz olarak düşünebilirsiniz. Tümüyle bizim bilinçli kontrolümüz altında olduğundan karar verme, bir eylemin planlanması ve davranışlarımızı düzenlemek gibi görevlerde prefrontal korteksimizi fazlasıyla kullanırız. Doğal olarak motivasyon, planlama ve erteleme gibi durumlar daha çok mezokortikal yolak ile ilgilidir.

Mezolimbik lifler bizim için inanılmaz kritiktir çünkü 3 önemli merkezi doğrudan etkilerler. **Bunlar *nükleus akkumbens, limbik bölge ve hipotalamustur.*** Bu bölgeleri beynin en derin ve en güçlü merkezleri olarak düşünebilirsiniz. Mesela *nükleus akkumbens.* Size kitabın başından beri beyninizde bir düğme olduğundan ve bazı parmakların o düğmeye basmak için deli gibi mücadele ettiğinden bahsetmiştik ya. İşte o düğmenin adı *nükleus akkumbens*tir. Diğer taraftan hipotalamusu muhtemelen bir yerlerden duymuşsunuzdur. Vücudumuzda bizim kontrolümüzden bağımsız, otonom şekilde gerçekleşen hemen her olayın düzenlenmesinde hipotalamus önemli bir rol oynar. İçinde açlık, susama, vücut sıcaklığı, öfke gibi fizyolojik olayları yöneten bir sürü merkez (çekirdek) bulunur. Beynimizdeki en önemli yapılar listesinde kesinlikle ilk üçte yer alacak hipotalamusla ilgili söylenecek çok şey olsa da konumuz kapsamında sadece bu kadarını bilmemiz yeterli. Hipotalamusun doğrudan bağlantılı olduğu limbik bölge ise korkudan tutun aşka kadar hemen hemen tüm duygularımızı yöneten ana merkezdir.

Yaşınız kaç olursa olsun beyninizle ilgili en temel gerçeği birçok kez yaşamışsınızdır. Nedir o? Siz, gerçek patronun prefrontal korteks (bilinçli kısmınız, yani siz) olduğunu düşünürsünüz ama hayat, asıl yöneticilerin hipotalamus ve limbik sistem olduğunu size defalarca kanıtlamıştır. Örneğin bir soru karşısında cevap vermek için elinizi havaya kaldırdığınız o anı düşünelim. Bu hareketi kendi özgür iradenizle yaptınız. Tebrik ederiz ama bu sırada siz farkında olmasanız da vücudunuzda bir sürü değişiklik meydana geldi. En basitinden düşünürsek elinizin havaya kalkması demek oraya ulaşacak kanın yerçekimi ve yükseklikten dolayı daha çok zorlanması demektir. Bu doğrultuda damar çaplarınızda değişiklikler olur ve kalp atım hacminiz ya da hızınız yeni duruma göre değişir. Peki bu değişiklikleri yapmayı siz mi akıl ettiniz? Elbette hayır çünkü o sırada olan şeylerden sizin haberiniz bile olmaz. Şu biyolojik gerçeği asla aklınızdan çıkarmayın. Vücudumuzun arka planında meydana gelen sayısız düzenlemeler her zaman gerçek patron olan "otonom sinir sistemi" tarafından organize edilir çünkü insan bedeni, insanın kendi kontrolüne bırakılmayacak kadar karmaşık ve değerlidir.

Mesela kalbinizi ele alalım. Eğer çok farklı bir ortam ya da koşulda değilseniz, kalbiniz şu anda dakikada ortalama 50-80 arası bir seviyede atmaktadır. Hadi şimdi beraber konsantre olup kalp atış sayınızı 30'a düşürelim. Öyle ya kalp de sizin, kalbe giden tüm sinir ağlarının çıktığı beyin de. Hadi zorlayın kendinizi. Yapabilirsiniz. Ne oldu? Yapamadınız değil mi? **Bu konuda başarısız olmak zorundasınız çünkü yapmak istediğiniz değişiklikle ilgili yetkiniz yoktur.** İşte asıl tanım bu. Fizyolojinin temelleri açısından olayın bütününe baktığımızda üzgünüz ama birçok noktada yetki sahibi değilsiniz.

İlk bakışta çok hoş gözükmese de hayatımızla ilgili kararların çoğunda, duygular ve temel fizyolojik ihtiyaçlarımız, mantığımıza göre çok daha etkili bir rol oynamaktadır. Yani bunu bir sinirbilim cümlesiyle ifade edecek olursak, *limbik sistem inanmışsa, korteksin ne söylediği kimin umurunda.* İşte mezolimbik yolağın gücü buradan gelir. Şu hayatta çok sevdiğiniz şeyleri düşünün. Bunların hepsinin ortak özelliği limbik sisteminize doğrudan dokunabilmeleridir. Üst bilinçli merkezlerin (prefrontal korteks) limbik sistem üzerindeki kontrolü zayıf olduğundan mezolimbik yolağı hedefleyen ödüller her zaman kritik önem taşır.

Bu bilgiler doğrultusunda limbik sistemimizi coşturan ödüller üzerinde çok fazla gücümüzün olmadığı muhtemelen anlaşılmıştır. Ama bu durum sizde endişe oluşturmasın çünkü tam bu noktada mezokortikal yolak yardımımıza koşmaktadır. Nihayetinde bu yolak doğrudan bizim irademiz altındaki prefrontal korteksle ilgili olduğundan buraya müdahale etme yetkimiz varmış gibi düşünebilirsiniz. Peki bu tam olarak ne anlama gelmektedir? Çok basit. Diyelim ki mezokortikal yolak aracılığıyla etkili olan bir ödül sizi 3 birim mutlu etsin. Eğer prefrontal korteksinizdeki devreleri doğru organize etmeyi başarırsanız bu ödülden alacağınız hazzı 5 birime yükseltebilirsiniz. Hatta aynı mantıkla bu hazzı 1 birime de düşürebilirsiniz yani kontrol edebilirsiniz.

AŞK mı Mantık İlişkisi mi?

Mezokortikal yolağın çalışma mantığını daha iyi anlamak için meseleyi ilişkiler üzerinden inceleyelim. Mesela ilk görüşte aşk denilen müthiş bir kavram vardır. Birini görürsünüz ve anında tutulursunuz. Çünkü bu kişi hem biyolojik hem de fizyolojik açıdan size inanılmaz uyumlu olduğundan limbik devrelerinizi ve ilgili ödül yolaklarınızı coşturur. **Bilinçli kısmınıza ihtiyaç duyulmadığından prefrontal korteksiniz devre dışı bırakılır.**

Aşk denilen bu müthiş yolculukta çiftlerin ne hale geldiğini zaten çok iyi biliyorsunuz. Peki tüm ilişkiler bu şekilde mi oluşur? Cevap elbette hayır. Mantıklı kısmımızın çok daha baskın rol oynadığı ilişki modellerimiz de bulunmaktadır. Mesela ilk görüşte fazla ilginizi çekmese de tanıdıkça sevmeye başladığınız, zamanla olumlu özelliklerini gördüğünüz, "ya X de hiç fena değilmiş aslında" dediğiniz o kişilerden bahsediyoruz.

Peki, mantık üzerine kurulan ilişkilerdeki haz etkisi nasıl oluşmaktadır? Aslına bakarsanız burada insanları genel anlamda ikiye ayırabiliriz. Kimisi kendisini bu ilişkinin ne kadar iyi olduğuna inandırır kimisi ise karşı tarafı daha detaylı keşfetmeye çalışır. Her iki yaklaşım kısmen işe yarasa da bizim için asıl önemli olan keşfetmek ve gerçek anlamda tanımaktır. Zira bunu gerçekleştirdiğinizde daha önce göremediğiniz bir sürü ayrıntıyı fark edeceksiniz.

İlişkileri karşılaştırdığımızda, bizi doğrudan limbikten vuran gerçek aşk sırasında beynimiz sadece biyolojik seviyede bir değerlendirme yaptığından, tüm analizlerin çok hızlı gerçekleştiğini söyleyebiliriz. Doğru düzgün düşünmenize bile izin olmadığından bir anda aşkın içine düşersiniz. Fakat günümüz insanını sadece biyolojik kavramlar üzerinden değerlendirmek eksik bir yaklaşım olur. Uzun yıllar sonucunda oluşturulan sosyal ve kültürel değerler de ilişkiler açısından önem taşımaktadır. İşte "mantıklı devrelerimiz" bu kısımda işin içine girer. Mesela karşınızdaki kişiyi fiziksel olarak çok çekici bulmadınız (biyolojik uyumsuzluk) ama tanıdıkça anlıyorsunuz ki müzik zevkiniz inanılmaz uyumlu. Evet onu gördüğünüzde kalbiniz bir anda hızlanmıyor ama beraber vakit geçirmekten mutlu oluyorsunuz. Biyolojik uyumsuzluk (ya da tam uyumlu olmama) nedeniyle beyninizin arka planında sürekli bir şüphe içinde olsanız da bu durum mantık aracılığıyla kurulmuş ilişkinizin illaki kötü olacağı anlamına gelmez.

Bilinçli Farkındalık (Mindfulness)

Hem biyolojik hem de mantık çerçevesinde *ruh eşiniz* olacak o kişiyle karşılaşıp, uzun ve mutlu bir ilişki yaşamanızı gönülden dileyerek konumuza dönelim. Çok iyi bildiğiniz üzere hayatımızın büyük bir kısmını otomatik bir şekilde yaşıyoruz. *Yataktan kalk, yüzünü yıka, işe-okula git, eve dön* gibi bir rutinin içinde birçok detayın farkında olmadan hareket ederiz. Yine içimizdeki otomatik pilotun, etrafımızdaki birçok şeyi en temel güdülerle, olabildiğince hızlı bir şekilde değerlendirdiğinden bahsetmiştik. Doğal olarak denklemi böyle kurduğumuzda asıl ihtiyaç duyduğumuz şey biraz yavaşlamak ve farkındalığımızı artırmaktır. Peki bunu nasıl yapacağız?

Beynimizdeki asıl patron merkezler, karşımıza ne çıkarsa çıksın bu şey yararlı mı, nötr mü yoksa zararlı mı gibi çok temel seviyede bir değerlendirme yaparlar. Bu yaklaşım hayatta kalmak ve temel biyolojik ihtiyaçlar için gayet etkili bir strateji olsa da günümüz modern toplumunda yetersiz kalır. Zaten o nedenle prefrontal korteksimizi ilkel insana göre çok daha verimli bir şekilde kullanıyoruz. Ama bu verimlilik daha çok iş ve eğitim hayatımızda karşımıza çıkar. Eğer prefrontal korteksimizi dopamin devreleri üzerinde de verimli kullanmayı başarabilirsek haz ve ödül yolaklarında ilginç bir kontrol mekanizması kurabiliriz. Bunun için de ihtiyaç duyduğumuz şey **bilinçli farkındalıktır** (*mindfulness*).

Mesela kendinizi düşünün. Gününüzün çok büyük bir kısmı ya geçmişi ya da geleceği düşünerek geçmektedir. Sistem her şeyi o kadar çok hızlandırdı ki şimdinin farkında olmak için ekstra bir çaba harcamak zorundayız. Aslına bakarsanız "bilinçli farkındalık" üzerine uzun uzun konuşulacak bir konu ama biz olayı yine dopamin sistemimiz üzerinden ele alacağız. **Buradaki temel amacımız bizim için düşük haz oluşturan bir eylemden nasıl yüksek haz elde edebileceğimizi keşfetmektir.**

Aslında bunun için tek ihtiyacımız farkındalığımızı artırmak. Gelin ne demek istediğimizi greyfurt üzerinden açıklayalım.

Greyfurta Haksızlık Yapma

Yoğun bir şekilde ders çalıştığınızı ya da bir projeyle uğraştığınızı varsayalım. Canınız bir anda tatlı bir şeyler çekti. Mutfakta sizi bekleyen sadece iki alternatif olsun. Tüm görkemiyle yenilmeyi bekleyen şerbetli bir tatlı ve dolabın köşesinde unutulmuş yalnız bir greyfurt. Odaya neyle döneceğiniz bellidir çünkü şerbetli tatlının limbik sistemimizde bıraktığı izler çok güçlüdür. Kendisi tam bir haz kaynağı olduğu için garibim greyfurtun zerre seçilme şansı yoktur. İşte tam bu noktada şu gerçeği ayırt etmeniz gerekir. **Sonuçta güzel olanı herkes sever asıl mesele sıradan gözükendeki güzelliği keşfedebilmek.** Her şeyi hızla tükettiğimiz bugünlerde böylesine bir keşif yapabilmek sağlam sabır ve emek ister. Sonuçta sevgi neydi? Emekti. Hani bir laf var ya, *tanısan seversin* diye. İşte greyfurt tam da böyle bir meyvedir. İçi kırmızı ve sarı olan farklı tipleri olsa da gelin biz kırmızı olandan bahsedelim.

Annesinin ya da ablasının rujunu çalıp dudaklarını beceriksiz bir şekilde kırmızıya boyayan kız çocukları vardır ya. İşte greyfurt biraz böyle bir meyvedir. Yıllarca portakal ve mandalinanın görünümüne alışmış beyinlerimizi şaşırtan uyumsuz bir kırmızılığa sahiptir. Kendisine sorsanız bize vereceği en büyük vaad, onu yedikten sonra pişmanlık duymayacağımız gerçeğidir. Oysa şerbetli tatlı öyle mi? Evet ağzınızın içinde kısa bir süreliğine size coşkular yaşatır ama tüketilir tüketilmez geriye devasa bir pişmanlık bırakır. Ne gerek vardı değil mi? Diğer taraftan greyfurt yediği için pişman olan birine kolay kolay rastlamazsınız.

Kendisi bahsetmeyi çok sevmese de greyfurtun vücudunuza çok değerli katkıları vardır. Google'a "Greyfurtun Faydaları" diye yazarsanız karşınıza çok fazla bilgi çıkar. İçerisindeki lif ve pektin sayesinde uzun süre tok hissetmenizden tutun, kan şekerinizin düzenlemesine olan katkısı, antioksidan etkisi ve barındırdığı vitaminlerle bize bir sürü fayda sunar. Tabii sağlığında sıkıntı yaşamayan her insan gibi bu faydaların muhtemelen sizler için de bir önemi yoktur. Zaten bu tarz bilgilendirme yöntemi işe yarasaydı kamu spotları sayesinde tüm zararlı alışkanlıklardan kurtulmuş olurduk. O nedenle greyfurtun size dokunabilmesi için öncelikle sizin ona dokunmanız gerekir.

Elinize aldığınız greyfurtu önce yakından bir inceleyin. Kabuğunun dokusunu, üzerindeki minik delikleri ve renginin tonunu hissetmeye çalışın. Kabuğunu keserken bıçağın değdiği yerden havaya püskürttüğü tanecikleri görmeye çabalayın. Ne güzel bir görüntü değil mi? Kabukları tümüyle soyduktan sonra hemen kenara atmayın. İç kısmını da yakından inceleyin, koklayın. Artık greyfurtumuz yemek için hazır. Elinizle ikiye ayırdığınız greyfurttan bir dilim koparın ama hemen ağzınıza atmayın. Bıçağın da yardımıyla dilimin üzerindeki o şeffaf tabakayı kaldırın ve karşınıza çıkan müthiş manzarayı izleyin. İçleri kırmızı bir sıvıyla dolu binlerce minik, organik şişeler müthiş bir şekilde yan yana dizilmiş gibi durmaktadır. Ne muazzam bir paketleme değil mi?

Sonra bu dilimi ağzınıza yaklaştırıp, dudaklarınızın arasında tutun ama hemen ısırmayın. Biraz bekledikten sonra sonra yavaşça dişlerinizi o dilime gömün ve ağzınızın içindeki patlamaları duymaya çalışın. Dilinizin üzerinde yayılmakta olan o güzel tat, greyfurtun gerçek tadıdır. Dediğimiz gibi elbette bir çikolata ya da şerbetli tatlı değil ama yine de fena sayılmaz. Diğer taraftan sizi yoldan çıkarmaya çalışan haz tuzaklarına kanmayıp sağlıklı bir şey yemenin verdiği huzur hissi de ekstra bir dopamin kaynağı olarak karşınıza çıkar. Greyfurta teşekkür edip kendisine veda etmeden önce minik bir uyarı yapmamızda fayda var. Greyfurtun bazı ilaçların kandaki seviyesini değiştirme ihtimali olduğundan ilaç kullanan kişilerin greyfurt tüketmeden önce bu konuya dikkat etmeleri gerekmektedir.

Kıssadan Hisse

Konunun daha iyi anlaşılması için mezokortikal ve mezolimbik yolakları ayrı ayrı anlatmaya çalışsak da ödül ve motivasyonla ilgili süreçlerin çoğunda her iki yolağın beraber çalıştığını ve birbirleriyle sürekli etkileşim halinde olduğunu özellikle belirtelim. O nedenle eğer karşımızda limbik sistemimizin zaaflarını bilen zararlı bir seçenek varsa prefrontal korteksimizi doğrudan devreye sokmak zorundayız. Böylece dopamin devreleri üzerinde kısmen de olsa söz sahibi olabiliriz. Buradaki anahtar kalıbımız "kontrol altında tutmak". Çünkü limbik devrelerimiz birçok ödül karşısında kontrolden çıkmaya bayılır. Zaten kafamızın üzerindeki parmakların en çok güvendiği zaafımız budur. Karşımıza sürekli bizi cezbedecek şeyler sunarlar ve böylece dopamin aracılığıyla tüm davranışlarımızı kontrol etmeye çalışırlar. İşte can alıcı soru tam burada karşımıza çıkar. **Siz mi dopamini kontrol edeceksiniz yoksa dopamin mi sizi kontrol edecek?**

Bölüm 6

Kısık Ateşte Dopamin

Sadece mutlu olmayı istesek kolay olacaktı
ama biz başkalarından daha mutlu olmak istiyoruz.
Bu da oldukça zor çünkü onları daima
olduklarından daha mutlu görürüz.

Alıntı

Kitabın giriş kısmında modern insanın en büyük lanetinden bahsetmiştik. Kafanızın üzerindeki parmaklar dopamin sisteminizi *hack*'ledikleri için size uydurma ihtiyaçlar üretip bunların peşinden koşup durmanıza neden oluyorlardı. Tıpkı lazer ile bir kediyi oradan oraya koşturanlar gibi bizi de bir ödülden diğerine koşturup duruyorlar. Hemen her gün bize sunulan onlarca haz dalgası üzerinde çılgınlar gibi sörf yapmamıza rağmen beynimizin derinlerinde hissettiğimiz depresyon ve mutsuzluk, içine düştüğümüz kuyunun ne kadar derin olduğunun en güzel göstergesi. Görünen o ki hepimiz artık ciddi birer bağımlıyız. **Haz bağımlısı**. Aramızdaki tek fark bağımlılık derecemiz. Kimimiz boğazına kadar bu bataklığa batmışken bazılarımız sadece dizlerine kadar gömülmüş durumda. Ama bu sonucu değiştirmiyor çünkü bu şekilde yaşamaya devam edersek bataklık hepimizi yutacak.

Tahmin edeceğiniz üzere haz bağımlılığından kurtulmamızı sağlayacak sihirli ve basit bir formül yok. Aksine dopamin sistemimiz ciddi anlamda bozulmuş durumda olduğundan çok büyük çabalar sarf etmemiz gerekecek. O nedenle ilk başlarda en büyük ihtiyaç duyacağımız şey sabır olacak. Çünkü beynimizdeki ödül, haz ve motivasyon merkezlerini yeniden iyileştirebilmek için **dopamini demlemeyi** öğrenmemiz gerekir. Unutmayın dopamin demini ne kadar iyi alırsa hayattan alacağımız tat o kadar anlamlı olacaktır. Peki bunu nasıl yapacağız?

En Büyük İsraf Dopamin İsrafıdır

Dopamini demlemeyi hayata geçirebilmek için acilen çözmemiz gereken ilk konu dopamin israfıdır. Bu israfı önleyebilmenin tek yolu da ödüller ve değerleri arasındaki ilginç ilişkiyi anlamaktan geçer. O zaman en basit soruyla başlayalım. **Sizin için bir ödülün değerini belirleyen tam olarak nedir?** Muhtemel cevabınız, o ödülü ne kadar çok sevdiğiniz ya da arzuladığınızla ilgili olacaktır. Bu doğru bir yaklaşımdır ama önemli bir eksiklik barındırır. İnsanlar bu eksikliği göremediğinden bu kısmın altını iyice çizmemiz gerekecek. Evet bir şeyi ne kadar arzuladığınız elbette çok önemlidir ama o ödülle ne zaman karşılaştığınız da emin olun arzunun kendisi kadar önemlidir.

Bir önceki bölümde olduğu gibi konuyu yine tatlı üzerinden örneklendirmeye çalışalım. En favori tatlılarınız çikolatalı kek ve cevizli baklava olsun. Normal bir zamanda bu ikisinden hangisini yerseniz yiyin **100 birim dopamin** salgıladığınızı varsayalım. İş yerindesiniz. Çıkmanıza yaklaşık iki saat daha var. Beyniniz tüm glukozu tükettiğinden canınız hafiften tatlı istemeye başlamış. O da ne, bir arkadaşınız masanızın üzerine en sevdiğiniz çikolatalı kekten büyükçe bir dilim bırakıyor. Kendisine teşekkür edip keki büyük bir iştahla tüketiyorsunuz. Sonuç; 100 birim dopamin salgıladınız ve beyniniz güzel bir haz yaşadı. Muhtemelen bugün şanslı gününüzdesiniz çünkü daha aradan 10 dakika geçmeden bir başka arkadaşınız da size baklava ikram etti. Eğer beklemeyip o baklavaları hemen yerseniz önemli bir farklılık hissedeceksiniz. Normalde sizde 100 birim dopamin coşkusu yaşatacak güce sahip cevizli baklava en fazla **40-50 birimlik** bir dopamin salgılanmasını sağladı. Tabii siz bunu birim olarak değil beklenenden daha düşük bir haz olarak algılayacaksınız. Bunun nedeninin az önce yediğiniz kekten kaynaklandığını kolaylıkla tahmin edebilirsiniz. Zaten tam tersi olsaydı yani baklavayı önce yiyip ardından çikolatalı kekle karşılaşsaydınız da benzer bir sonuç kek için oluşacaktı.

O zaman ölümcül sorumuzu soralım. **Çok sevdiğiniz o cevizli baklavanın dopamin olarak değeri kaçtır?** Görünen o ki kekten önce yerseniz 100 birim, sonra yerseniz 40 birim etmekte. İyi de bu nasıl olabilir ki! Baklavanın şerbeti aynı, fıstığı aynı, kalorisi aynı. Her şeyi tıpa tıp aynı ama sırf ikinci sırada yendiği için büyük bir değer kaybına uğramakta. Sebebi aslında basit. İlk başta yediğiniz çikolatalı kek ile epey miktarda bir dopamini kullanmış oldunuz. Doğal olarak benzer bir ödül kaynağı için aynı miktarda dopamini salgılamanın hiçbir mantığı olmayacağından beyniniz orada dopamin musluklarını kısar.

Dopamin Geçmişini Bilmeyen Geleceğine Sahip Çıkamaz

Bilgisayarınızda internet geçmişi denen bir kısım vardır. Gün içerisinde girdiğiniz her siteyi zamana göre harika bir şekilde sıralar. Ödül merkezimiz açısından da benzer bir sisteme sahibiz. **Buna dopamin geçmişi denir.** Burası beyindeki birçok merkez ve farklı parametre tarafından etkilenen oldukça karışık bir sistemdir. O nedenle buradaki temel çalışma mantığını yine basitleştirerek anlatacağız. Aşağıdaki görselde tek başlarına benzer etki gösteren iki ödülün peş peşe gerçekleşmesiyle oluşan dopamin salgılanmalarını görmektesiniz. İkinci ödülün zirvesi ilk ödüle göre daha aşağıda oluşmuştur. Aradaki fark o ödülden aldığınız hazdaki kayba karşılık gelmektedir.

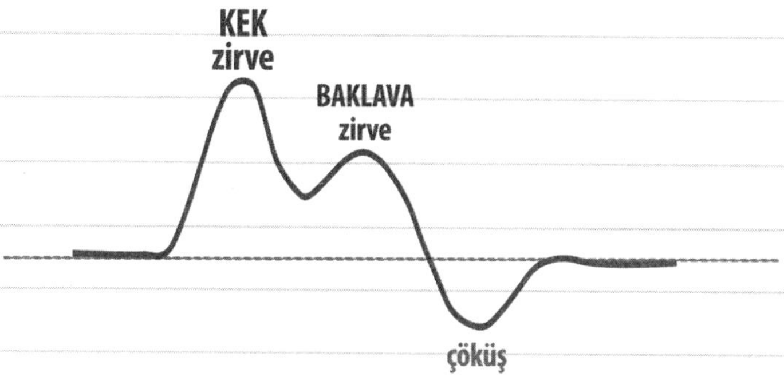

Aynı miktarda dopamin salgısına neden olan iki kaynağın peş peşe tüketilmesi

Diğer önemli sorun ise zirveyi takip eden çöküşün normalden daha güçlü olmasıdır. Klasik grafiğimizi hatırlarsanız, zirveye ulaştıktan sonra önce bir çöküş yaşanıyor ardından taban dopamin seviyesine ulaşana kadar belli bir süre geçmesi gerekiyordu. Buradaki grafikte fark edeceğiniz üzere ikinci ödülün erken oluşması nedeniyle ilk kısımdaki çöküş ve dopamini yerine koyma döngüsü eksik kalmıştır. Bu eksiklik ikinci döngü sonrası oluşan çöküş ve taban seviyesine geri yükseliş süresinin uzamasına sebep olacaktır.

Tekrar örneğimize dönersek, 100 birim dopamin salgılayacağımız bir baklavadan sadece 40 birim dopamin elde etmek gerçekten büyük bir israftır. Ne yazık ki insanların çoğu fazladan salgıladığı 40 birim dopamine tav olsalar da gerçekte **60 birimlik dopamine karşılık gelen bir haz kaybı söz konusudur**. Oysa o baklavaları bir şekilde paketleyip canınız deli gibi tatlı çektiği bir anda tadına vara vara tüksetseydiniz hem siz hem de baklavalar amacına ulaşmış olacaktı. O zaman gelin dopamini demlemekle ilgili ilk altın kuralımızı paylaşalım.

Söz konusu dopamin kaynakları olduğunda dopamin geçmişiniz çok önemlidir. Benzer ödül kaynaklarını asla peş peşe kullanmayın. Araya zaman koyun ki dopamin demlenmeye fırsat bulsun. Sabredin. Evet ilk başta biraz zor gelecektir ama dopamin demini aldığında her şey çok daha güzel ve huzurlu olacaktır.

Dopamin Üstüne Dopamin Olmaz

Dört bir tarafımız haz kaynaklarıyla çevriliyken kronik bir mutsuzluğa mahkûm olmamız içinde bulunduğumuz dönemin en güzel özetidir. Bunu denizin ortasında susuzluktan ölen bir insanın durumuna benzetebiliriz. Kronik mutsuzluk ve tatminsizliğin temelindeki en önemli etkenlerden ilkinin dopamin kaynaklarını kısa arayla peş peşe tüketmek olduğunu söylemiştik. İkinci nedenimiz ise biraz daha tehlikeli. Kafamızın üzerindeki parmakların sahipleri arasında çok büyük bir rekabet var. Kaybetme ihtimalinden o kadar çok korkuyorlar ki artık reddedemeyeceğimiz tekliflerle karşımıza çıkıyorlar. **Her biri bizi üst düzeyde mutlu edecek dopamin kaynaklarını birleştirip, tek bir seferde tüketmemiz için önümüze koyuyorlar.** Bu görüntü ödül devrelerimizi çok güçlü uyardığından kolaylıkla kontrolümüzü kaybediyoruz.

İnsan denen canlının hayal gücünü hesaba kattığımızda bir araya getirilebilecek dopamin kaynaklarının sınırları yoktur. İşin ilginç tarafı birçok sektörde karşımıza çıkan bu aşırılık hali her geçen gün daha da normalleşmekte. Aslında bu konudaki en çarpıcı örnekler sosyal medyanın gücüyle yemek sektörünü birleştiren içeriklerde gözükmektedir. Eğer cep telefonunuzun ekranına düşen birkaç yemek videosunda biraz vakit geçirirseniz algoritmaların karşınıza çıkaracağı görüntülere inanamayacaksınız. İsterseniz bu videolardan örnek bir tanesini size anlatmaya çalışalım.

Ateşin üzerinde hafif bekletilmiş taze bütün bir ekmek ikiye ayrılır ve bol salçalı bir sos içine güzelce yedirilir. Ekmeğin arasına her yerden taşacak miktarda bolca döner eti konur. Etlerin üzerine ince dilimlenmiş kaşar peynirleri serilir. Tereyağında hafifçe öldürülmüş pastırmalar bu peynirlerin üzerine bolca bırakılır. Bunların arasına da ızgara şiş olarak pişirilmiş köfte ve et parçaları konulduktan sonra hepsinin üzerine hafif eritilmiş cheddar peyniri eklenir. Kaşar ve cheddar peyniri eriyip etlerin içine nüfuz edene kadar ateşte bekletilir ve üzerine gezdirilen son bir sos ile yemeğiniz artık hazırdır. Tıka basa dolu ve hiçbir şekilde ağzı kapanmayacak olan ekmeğin o şaşkın görüntüsü aslında insanlığın ulaştığı çılgınlığın en güzel ifadesidir.

Her biri tek başına yeterli dopamini salgılatacak malzemelerin hepsini bir araya getirip tek seferde sunduğunuzda oluşan israfın boyutlarını tahmin edebilirsiniz. Bu durum dopamin devrelerinizde uzun vadede ciddi hasarlar meydana getirir. Bu arada verdiğimiz örnek bazılarınız için biraz abartı gelebilir. Öyle ya insanların 100 gr et döneri satın almakta zorlandığı bir dönemde bu tarz hizmetler ancak zenginlerin hafif şımarıklıklarını doyurmaya çalışan birkaç mekâna ait olabilir ve geneli bağlamaz. O nedenle gelin hepimizin hayatında olan daha sıradan bir örnek verelim.

Bugün okul ya da iş biraz yorucu geçmiş olsa da keyfiniz yerinde. Uzun zamandır beklediğiniz dizinin yeni sezonunun ilk bölümü yayınlanmış. Yani evde sizi harika bir ödül beklemekte ama birçok kişi gibi siz de tek bir ödülle yetinmek istemiyorsunuz. Diziyi izlerken o çok sevdiğiniz yemek size eşlik etse fena mı olur. Hatta patlamış mısır ve içeceklerinizi de ayarladınız mı tamamdır. Kucağınızda tepsiyle rahat kanepenize yerleşip diziyi izlemeye başlayabilirsiniz.

Hayal gücünüz ve alışkanlıklarınız doğrultusunda bu liste uzayıp gidebilir ama konu muhtemelen anlaşılmıştır. Söz konusu "dopamin kombinasyonu" olduğunda ağzı kapanmayan şaşkın ekmekle sizin bu mütevazı organizasyonunuz arasında fikir olarak büyük bir fark yoktur. Nihayetinde siz de tek başına dopamin kaynağı olan birçok eylemi aynı ana getirip bir kombinasyon yaptınız. Yani dopamin üzerine dopamin koydunuz. Bu yaklaşımın kısa süreliğine sizi mutlu edeceğinden şüphe yok. Peki ya uzun dönemde ne olacak? Artık cevabı tahmin ediyorsunuzdur.

O zaman gelin dopamini demlemek konusunda dikkat etmemiz gereken ikinci kuralımızı yazalım.

Koşullar ne olursa olsun asla farklı dopamin kaynaklarını bir araya getirip kombine etmeyin. Bu uyarımız muhtemelen size abartı gelecek ama sorgulamayın, düşünmeyin ve sadece kurala uyun.

Tek başına size yüksek haz veren eylemleri bir araya getirip tüketmek hem o eyleme hem de dopamin depolarınıza yapacağınız büyük bir ihanettir. Lütfen yapmayın. İçinizde "bir dizi keyfimiz var onu da yaşamayalım mı" diye itiraz edenler olabilir o nedenle aynı örnek üzerinden derdimizi anlatmaya devam edelim. Aslında yapılacak şey basit. **Önünüzdeki eylem planı içerisindeki en güçlü haz kaynağını belirleyin.** Eğer bu akşamın *rockstar*'ı dizinin yeni bölümüyse onun yanına asla ikinci bir yıldız koymayın. Bu durum elbette dizi yerken yemek yiyemeyeceğiniz anlamına gelmiyor. Hatta bu yaklaşım sayesinde krizi fırsata bile çevirebilirsiniz. Çok sevdiğiniz diziyi izlerken illaki bir şey yemek istiyorsanız o zaman tercihinizi **normalde tüketmekten pek haz almadığınız, sağlıklı bir yemekten yana kullanabilirsiniz.** İnanın dizinin oluşturduğu dopamin coşkusu ve heyecanı içinde yiyeceğiniz zeytinyağlı sebze yemeği ya da salata da gayet iyi gelecektir.

Diğer taraftan diyelim ki okul ya da iş gereği yaklaşık 90 dakikalık sıkıcı bir video, eğitim izlemek zorundasınız. İşte o zamanlara çok sevdiğiniz çift lavaşlı soslu dürümü denk getirebilirsiniz. Yani derdimiz size aç aç dizi-film izlettirmek değil. Dopaminleri üst üste bindirme fikrinden uzak durmanızı sağlamak. **Farkında olmasanız da birçok eyleminizde birleştirilmiş dopamin kaynakları kullanıyorsunuz.** Sigarayla denk getirilen kahveden tutun televizyon izlerken elinize aldığınız cep telefonuna kadar çok fazla örnek vardır. Mesela bir şeyler izlerken aynı anda sosyal medyada gezinmek alışkanlığını düşünelim. Bu davranış yüzünden artık uzun süreli dizi ve filmlere odaklanma yeteneğimizi kaybettik. En eğlendiğimiz yapımlarda bile araya durağan bir sahne girdiğinde elimiz refleksel bir şekilde hemen cep telefonuna gitmektedir.

Dopamin kaynaklarını birleştirdiğimizde ya da kısa aralıklarla tükettiğimizde iki önemli sıkıntı yaşarız. Dopamin sistemimize uzun vadeli verdiğimiz hasardan bahsetmiştik. Bir diğer sıkıntı normalde **tek başına tüketirken zevk aldığımız bu ödüller, ilgili kombinasyonlardan sonra tek başınayken verdiği hazzı artık veremeyecektir.** Yani mis gibi bir kaynaktan elde ettiğimiz dopamin miktarını resmen kendi elimizle azaltmış oluruz. Özetlersek insanların çoğu bütün zevkleri bir araya getirerek bir anda Nirvana'ya ulaşmak ister. Bu çok yanlış bir yaklaşımdır. Nirvana tek bir seferde zıplayabileceğiniz bir yer değildir. Buraya tırmanmak gerekir. Bunu da ancak her bir ödülün hakkını vererek yapabiliriz.

Dopaminle Yıkanmış Kutsal İnsanlar

Sosyal medya ya da televizyon aracılığıyla ara sıra karşımıza çıkan bazı insanlar vardır. Bu kişiler mükemmeldirler ve yaşamanın hakkını sonuna kadar veriyormuş gibi gözükürler. Sabahın köründe kalkıp işe gitmeden önce spor yaparlar. Projelerine saatlerce odaklanıp hedef koyduğu işi bitirmeden yerinden kıpırdamazlar. İş çıkışı eve gidip dinlenmek yerine eğlenceli ve gürültülü mekânlarda geç saatlere kadar hazzın çok farklı formlarını tadarlar. Adrenalinin her damlasını hissetmek için hafta sonlarını ekstrem aktivitelere ayıran bu kişiler genellikle az uyurlar çünkü onlara göre uyku bir zayıflıktır.

Peki ya siz? Muhtemelen uzandığınız kanepede telefon ekranından şahit olduğunuz bu insanlara hayranlıkla bakarsanız. Oysa burada sorulması gereken çok basit bir soru vardır. Sahi oluyor mu öyle? Eğer olaya dopamin devreleri üzerinden yaklaşırsak bu denklemde ciddi bir hata olduğunu görürsünüz çünkü hem haz hem de motivasyon için beyninizde kullanabileceğiniz yegâne yakıt dopamindir. Doğal olarak ne kadar paranız olursa olsun ya da ne kadar müthiş bir beyne sahip olursanız olun **yok öyle sınırsız bir dopamin**. Bu durumda bu kutsal varlıklar için iki ihtimal karşımıza çıkar.

Eğer bize gerçekten yaşadıkları hayatı değil de yaşamak istediklerini gösteriyorlarsa bu kişiler açısından etik değerler dışında büyük bir sorun yoktur. Ama ikinci ihtimal söz konusuysa yani hayatı tam da bu şekilde yaşıyorlarsa işte o zaman işler değişir. Beynimizin alt yapısı epey sağlam olduğundan uzun bir süre bu çılgınlığı idare eder. Ama bir gün gelir ve dopamin sıfırlanır. Tükenmişliğin dibi o kadar derindir ki bir kere oraya ulaştınız mı artık ondan sonra kova kova dopamin içseniz de faydası olmaz. Ne yazık ki bu kişiler bu düşüşü ancak yere çarptıklarında anlamaktadırlar. O zaman dopamini demlemek için gerekli olan üçüncü kuralımızı da buraya iliştirelim.

Temel anayasası homeostaz üzerine kurulu bir bedende sadece haz ve gazdan oluşan bir fizyoloji sürdürülebilir değildir. Haz olması için acı olması lazım. Tokluk olması için açlık olması lazım. Özetle beyazın mükemmelliğini anlamak için ara sıra siyahın içinde yaşamak lazım.

Bölüm 7

Açık Büfe Hayat ve Arzunun Muhteşemliği

Siz, bu sevginin içinizde yarattığı duyguları seviyorsunuz. Siz arzuyu seviyorsunuz, arzu edilen şeyi değil...

Friedrich Nietzsche

Muhtemelen *her şey dahil* konseptli bir otelde tatil yapmışsınızdır. Bazı oteller "her şey" olayını o kadar abartırlar ki her tarafınız yiyecek ve içecek ikramları ile dolu olur. İlk gün her anlamda güzel geçer. Sanki büyük bir kıtlıktan çıkmış gibi neye saldıracağınızı şaşırırsınız. Sonra çok ilginç bir gerçekle yüzleşirsiniz. Tahminen üçüncü günün akşam yemeğinde yine her zaman yaptığınız gibi tabağınızı sevdiğiniz yiyeceklerle doldurmuş bir şekilde masaya oturursunuz ama bu sefer çok önemli bir eksik olduğunu fark edersiniz. Zerre iştahınız yoktur. Gün içinde önünüze çıkan her şeyden tattığınız için bedeniniz acıkmaya zaman bile bulamamıştır. İşte o an insan müthiş bir aydınlanmanın eşiğine gelir. Evet yemeğin kendisi çok önemli bir dopamin kaynağı ama asıl önemli olan sizin içinde bulunduğunuz koşullardır. İnsanlar çoğunlukla yemeğe (ödül, başarı) anlam yükleseler de aslolan açlığın sizde yaratacağı o hissiyattır. İşte bu hissiyat varsa yemek anlam kazanır. **Biz**

buna arzulamak diyoruz. Haz (yemek) ve acının (açlık) aynı anda hissedildiği en temel dopamin yakıtımız.

Haz ve acı arasındaki o hassas dengeyi kurmak homeostazın en önemli aşamalarından birisidir. Aslında sistemin çalışma mantığı basittir. Siz ağırlığı hangi tarafa kaydırırsanız homeostaz dengeyi bulmak için sistemi diğer tarafa doğru kaydırmak durumunda kalır. Yani bir önceki bölümde ayrıntılarını anlattığımız gibi sürekli haz peşinde koştuğunuzda sistem dengeyi sağlamak adına ayarlarınızı sizi mutsuz hissettirecek şekilde günceller çünkü her şey zıttıyla anlamlıdır. Doğal olarak bu dengeyi bozacak her şey sizi de bozacaktır.

Dopaminin salgılanma mekanizmasını anlamak için verdiğimiz örnek grafikte önce zirve ardından da bir çöküş yaşandığından bahsetmiştik. Daha sonra harcanan dopaminin yerine konması sürecinde dopaminimiz taban seviyesine geri yükseliyordu. Bu çalışma mekanizmasının temelinde yatan fikir motivasyon ve arzulamak aşamalarında da karşımıza çıkmaktadır. Ne demek istediğimizi yine bir örnek üzerinden anlatmaya çalışalım.

Kitaplarını çok sevdiğiniz, inanılmaz hayran olduğunuz o yazar yaşadığınız şehre imza gününe gelsin. Bu denklemde sizi çok mutlu edecek eylem (ödül) kitaplarınızı imzalatmak ve günün anısını hayatınız boyunca yaşatacak bir fotoğraf çektirmek olsun. Bu arada etkinliğin yapılacağı yer evinizden çok uzakta ve muhtemelen o ağır kitaplarla saatlerce sıra bekleyeceksiniz. Peki evinizde güzelce uzanıp keyif yapmak varken neden böyle bir eziyete katlanasınız ki? **İşte sizi kanepeden kaldıran o güce motivasyon denmekte.**

Dopamin sadece ödülün kendisine kavuştuğunuzda salınmaz. **Ödülü düşünmek, onunla ilgili hayaller kurmak da dopamin salgılatmaktadır.** Elbette ödülün kendisinin vereceği gibi yüksek bir dopamin salgılanmasından bahsetmiyoruz. Daha az ama yine de düşündüğünüzde yüzünüzde gülümseme oluşturmaya yetecek kadar küçük zirveler söz konusu.

Sabah yataktan kalktınız. Heyecanlısınız çünkü çok sevdiğiniz yazarla ilk kez yüz yüze tanışma şansınız olacak. Bu ihtimali düşündüğünüz anlarda az da olsa bir dopamin salgılayacaksınız. Zirvenizin küçük olması dopaminin salgılanmasındaki ana kuralı değiştirmez. Dolayısıyla bu küçük zirvenin ardından da bir "çöküş" oluşmalıdır. Siz farkında olmasanız da içinizde oluşan arzu ve motivasyon varlığını bu çöküşe borçludur.

Hani az önce çöküşün dopamin depolarının yenilenmesi için gereken bir süreç olduğundan bahsetmiştik ya. İşte tam burada bu süreç çok farklı bir anlam kazanır. Zira bu çöküş aslında sizin "açlık" halinizi oluşturur. O açlığı bitirecek olan ise yemektir. Örneğimizdeki yemek elbette yazarın bizzat kendisidir. O zaman gelin dopamin demlenmesindeki altın kurallarımızın arasına önemli bir tanesini daha ekleyelim.

Bir şeyi gerçekten arzulamak ve peşinden koşabilmek için çöküşün yarattığı o acı halini hissetmek ve yaşamak zorundayız. Bu olmazsa olmaz. Bundan kaçamayız. Bilmemiz gerekir ki ancak bu acıyı yaşadığımızda ulaşacağımız haz bir anlama kavuşacaktır.

Çok ünlü ya da zengin kişilerin hayatlarında sürekli hissettiği derin mutsuzluğun ve tatminsizliğin altında yatan en önemli dinamiklerden birisi budur. Çevresindeki tüm koşullar bu kişileri acıdan, emek harcamaktan ve yorulmaktan uzak tutmaya çalıştığından dopaminin klasik dengesi sağlam bozulur. Tıpkı her şey dahil bir otelde asla acıkamayan kişiler gibi hayatı yaşamak zorunda kalırlar. Bu ince detayın farkında olmadıklarından sürekli yeni haz kaynakları arayıp dururlar. **Oysa asıl**

ihtiyaç duydukları bizzat acının kendisidir. Yani yemeğin tadını alabilmek için açlık şart. Bu arada bahsettiğimiz kısır döngünün içine düşmeniz için illaki zengin ya da ünlü olmanıza gerek yok. **Günümüz şartlarında hayatın kendisi artık açık büfeye dönüşmüş durumda.** Sosyal medya ve teknoloji hemen her yerde ağzımıza bir lokma haz sokuşturduğundan bir türlü acıkamıyoruz. Bu yüzden derinlerde bir yerde bu kadar mutsuz hissediyoruz.

Yazarla Tanışma ve Üç İhtimal

Arzulamak ve dopamin arasındaki ilginç ilişkiyi konuştuktan sonra bu durumun hayatımıza nasıl etki ettiğine daha yakından bakabiliriz. **Her arzunun bir amacı vardır ve bu amaç sonunda ulaştığımız sonuç dopaminin nihai döngüsü için kritik bir öneme sahiptir.** Az önceki örneğimizden devam edecek olursak gelin isterseniz o uzun imza kuyruğuna girelim artık. İlk yarım saat öyle ya da böyle geçecektir ama sonrasında ortamın sıcaklığı ve havasızlığı sizi yormaya başlar. Bu arada bacaklarınızdan beyninize sürekli giden sitem dolu sinir iletileri tahammül seviyenizde hafif bir yorgunluk oluşturur. Bir de şu araya kaynayan ve hiçbir şey olmamış gibi davranan insanlar var değil mi! En can sıkıcısı. İnsanların tepkisizliğine mi yoksa kendi sessizliğinize mi kızacağınızı bilemeden öyle kalırsınız. Neyse ki kuyruğumuz yazarı görebilecek kadar kısaldı. Birkaç dakika sonra arzunuzun kaynağı ile baş başa kalacaksınız. Gerçekten heyecan verici.

Tam bu sahnede filmimizi durduralım. Hayatın hayal gücünü hesaba kattığımızda birazdan karşılaşacağımız ihtimaller için çok fazla alternatif olsa da gelin biz örneğimiz açısından bu ihtimalleri üç taneyle (beklenen, iyi ve kötü) sınırlı tutalım. Arzumuz ve sergilediğimiz motivasyonu da bu üç farklı ihtimal çerçevesinden değerlendirelim.

İlk ihtimalimiz standart "beklenen sonuç" olsun. Yani yazarımız oturduğu yerden herkese ayırdığı vakit kadar size de ayırsın ve tam istediğiniz gibi çıkmasa da yazarla yan yana bir fotoğraf çekmeyi başardığınızı varsayalım. Ne oldu? **Arzulama aşamasında oluşan acı halini karşılayacak ödüle ulaştınız ve döngü kendisini beklenen şekilde tamamlamış oldu**.

İkinci senaryomuz ise daha olumlu gerçekleşsin. Yazar size hiç ummadığınız bir yakınlıkta davranmış ve beraber çektirdiğiniz fotoğraf da inanılmaz havalı çıkmış olsun. Hatta kitaplarınızı imzaladığı o dar zamanda aranızda kısa ama fazlasıyla samimi bir sohbet geçtiğini düşünelim. Peki şimdi ne oldu? **Hem arzularınızın beklentisi olan dopamini salgıladınız hem de bu sürpriz samimiyet sonucunda ortaya çıkan ekstra dopamin sayesinde hayatınızda hiç unutamayacağınız çok güzel bir anıya imza atmış oldunuz.**

Gelelim en son ihtimale. Yani kötü olanına. Siz saatlerce tüm o kalın kitapları taşımanıza rağmen yazar kuyruğu bahane ederek sadece bir tanesini imzalamış olsun. Üstelik bunu yaparken bir kez olsun yüzünüze bile bakmadı. Bırakın fotoğraf çektirmeyi sonradan fark edeceğiniz üzere adınızı bile yanlış yazmış. İşte bu durum başınıza gelebilecek **en kötü senaryodur**. Neden? Ne demiştik arzulamanın felsefesi gereği dopamin olarak çöküş yaşamıştık. Zaten bu azalma sayesinde motive olmuş ve sabırla beklemeyi başarmıştık. **Ama yazarın davranışları yüzünden beklenti içinde olduğumuz o dopamin salgılanamadı.** Sonuçta derin anlamlar yüklediğiniz o güzel hayaliniz paramparça oldu ve etrafa saçılan hayal kırıkları adeta tüm arzunuzu kesip kanattı.

Ödül-Tahmin Hatası

Yazarla buluşma örneğinde bahsettiğimiz durumla ilgili literatürde kullanılan bir kavram vardır. Buna ödül-tahmin hatası (*reward prediction error*) denir. Aslında aşağıda gösterildiği gibi basit bir formüle dayanır. Bu aritmetik formül durumu özetlemek için ideal olsa da alternatif ihtimalleri hesaplamaya kattığımızda işin içine yine birçok farklı parametre girebilmektedir.

Ödül Tahmin Hatası = Salgılanan Dopamin - Beklenen Dopamin

Döngümüz gereği arzularımız ile beraber bir acı hali oluşur ve bir dopamin beklentisi (haz) içine gireriz. Doğal olarak süreç sonunda salgılanan dopamin fizyolojimiz açısından önemlidir. **Verdiğimiz örnekteki ilk ihtimali (beklenen sonuç) bu denkleme yerleştirirsek ödül tahmin hatası sıfır çıkar.** Bu güzel bir sonuçtur çünkü süreç sonunda arzuladığımız miktarda dopamine kavuşmuş oluruz. İkinci olasılıkta (iyi ihtimal) sonuç pozitif çıkar çünkü yazarın samimiyeti nedeniyle **salgılanan dopamin, beklenenden daha fazla olur.** Denklemden pozitif değer çıkaran her sonucun sizin için ne kadar mükemmel olduğunu söylememize muhtemelen gerek yoktur. Üçüncü ihtimalde (kötü sonuç) denklem negatif çıkar çünkü beklediğimiz dopamini salgılayamayız. **İşte bizi derin hayal kırıklıklarına sürükleyen bu denklemden çıkan negatif sonuçlardır.**

İnsanları hayatınıza sokarken bu denklemi her zaman hatırlayın. Aldous Huxley'nin bu konuyu özetleyen çok güzel bir sözü vardır. Der ki, "İnce düşünen insanların en sık yaptığı hata, kişiliği küçük olan insanlara büyük anlamlar yüklemektir". Durumu ne güzel özetlemiş değil mi? Bu küçük insanlar sizin yüklediğiniz o büyük anlamları taşıyamayacakları için her zaman düşürüp kırarlar. O nedenle bir çılgınlık yapın ve en güzel hayallerinizin yanlış insanlar yüzünden kırılıp durmasına izin vermeyin. Emin olun bir yerlerde o hayallerinizi en güzel şekilde büyütecek insanlar var. O nedenle ödül-tahmin hatasıyla ilgili denkleminizi doğru insan ve eylemler üzerine kurun.

Belki Kelimesinin Nörobiyolojisi

Ödül-tahmin hatası denkleminden çıkarmamız gereken çok önemli bir ders daha var. **Asla kimseye BELKİ demeyin.** Bildiğiniz üzere bir teklif ya da davete "evet" ya da "hayır" demek biraz düşünmek ve emek istediğinden insanların çoğu sıklıkla "belki" kelimesini tercih ederler. Öyle ya şimdi kim kafa yoracak düşünmek için, en iyisi **belki** diyerek düşünmeyi ertelemek. Oysa az önce konuştuğumuz denklem açısından bu yaklaşım oldukça kötü bir tercihtir. Mesela eşiniz, çocuğunuz ya da herhangi bir yakınınız size hafta sonu beraber piknik yapıp yapamayacağınızı sordu. O an kafanızın içinde çok daha önemli sorunlar olduğundan "**neden olmasın belki gideriz**" diye geçiştirmek amaçlı bir cevap verdiğinizi varsayalım. Tam o anda siz farkında olmasanız da cehennemin dopamin kapıları açılmış olur çünkü karşı tarafın ödül merkezi bu olayı düşünmeye, yani dopamini salgılamaya çoktan başlamıştır. Daha önce konuştuğumuz gibi bu dopamin salgısının ardından arzulama aşamasına geçilir.

Denklem üzerinden bakarsak "**beklenen dopamin**" kısmında bir artış olması gerekir. Eğer hafta sonu pikniğe gidilmezse, ki siz de zaten öylesine cevap verdiğiniz için bunun olma ihtimali gayet yüksektir, **salgılanan dopamin** kısmı sıfır olacağından **denklemimizin değeri negatif** çıkacaktır. Artık bunun ne anlama geldiğini biliyorsunuz. En başta hayır deseydiniz bu sıkıntı olmayacaktı ama belki yanıtı ile beraber bir arzu ve bu arzunun oluşturduğu bir acı meydana getirmiş oldunuz. **Doğal olarak oluşan bu acı boşa çekilmiş olduğundan karşımızdaki kişi bu durumu adeta bir ceza gibi algılar.**

Özetle sırf anı geçiştirmek için verdiğiniz BELKİ cevabının aslında ne kadar maliyetli olduğunu lütfen bilin. Muhtemelen bazılarınız bu duruma itiraz edebilirler. "Evet demedik ki kardeşim, belki dedik. Durup dururken bu kadar arzu yapması onun hatası" diye düşünenler varsa hemen belirtelim, hayır onun hatası değil. Belki kelimesini dil kuralları çerçevesinde değerlendirirseniz haklı olabilirsiniz ama **bu kelimenin bir de nörobiyolojik bir karşılığı var.** İnsanoğlunun en önemli motivasyonlarından birinin keşfetmek olduğunu biliyoruz ve hiçbir keşif kesinlikler üzerine inşa edilmez. Aslında peşinden kovalanan şeyler hayaller ve ihtimallerdir. Mesela ilkel insan için "belki" kelimesinin anlamını düşünün. *Belki dağın arka tarafına göç edersek harika bir su kaynağı buluruz* ya da *belki şu dağların içinde gece uyuyabileceğimiz güvenli bir mağaraya rastlarız.* İşte bizi zor ve uzun yolculuklara çıkaran "belki" kelimesinin nörobiyolojik gücüdür.

Az önce "belki" diye cevap verip, yapmayanları eleştirdik ama bir de "evet" dedikten sonra ortadan kaybolanlar var. Bu kişiler bahaneleri ne olursa olsun bile isteye karşı tarafın hayallerini kırdığının farkında olmalıdırlar. Sonuçta bir söz verilmeden önce tüm ihtimallerin iyice gözden geçirilmesi gerekir. O nedenle birileri size bir şey teklif ettiğinde her zaman bu denklemi hatırlayın. Geçiştirmeyin. Üstüne düşünün. Asla tutamayacağınız sözler vermeyin. Evet dedikten sonra kolay kolay dönüş olmamalı. **Belki cevabını da olabildiğince az kullanın.** Önümüze gelen her soruya sadece dopamin üzerinden cevap verme gibi bir lüksümüz elbette yok ama siz yine de verdiğiniz sözlerin tam olarak neye karşılık geldiğini bilin.

Hayallerinden Kimseye Bahsetme

Hayallerin neden bir türlü gerçekleşmiyor? Tabii ki bunun bir sürü nedeni var ama Yunus Emre'nin o değerli sözü anlatacaklarımızı çok iyi özetliyor. "Güzel bir iş yapmak istediğin zaman acele et, gizli tut ve onu gözünde küçült." Nokta atışı üç kıymetli tavsiye. Özellikle de "gizli tut kısmı". Çünkü hayalinizi erkenden dile getirdiğinizde arka planda iki önemli olay gerçekleşir.

İlk olay beyninizdeki ödül merkezini uyaran dopaminle ilgilidir. Ana ödül kaynağını düşünmenin ve hayaller kurmanın dopamin salgılattığını biliyoruz. Doğal olarak siz hayalinizden her bahsettiğinizde bu dopaminden kullanmaya başlarsınız. **Normalde bu ara dopaminin amacı sizi motive etmektir**. Ama siz kendinizi o hayale kaptırıp sanki iş bitmiş gibi davranırsanız **motivasyon için gerekli olan dopamini haz için kullanmış olursunuz.** Doğal olarak olaydan her bahsedişinizle beraber azalan dopamin sonunda sizi motive etmeye yetmez ve bir hayaliniz daha yarı yolda kalır. O nedenle kafanızdakileri insanlara anlatıp durmayın. En güzel hayal gerçeğe kavuşturulmuş olandır. Sessizliğinizi koruyun ve tüm dopamini işi bitirmekteki motivasyonunuzda kullanın.

İkinci sorunumuz ise bazı insanlar. Ne zaman bir hayalinizden bahsetseniz "Bu işi beceremezsin, kesin birileri engeller, sana ne faydası var?" gibi çeşitli yorumlarla bir anda belirenler. İster hayal emici olarak adlandırın ister nöronları tıkalı. Bu insanlar her yerde karşınıza çıkacaktır ve motivasyonunuzu adeta emecektir. Bu kişileri asla ciddiye almayın. O zaman gelin minik bir kuralla bu bölümü bitirelim.

Hayallerinizi herkesten bir sır gibi saklayın. Gerek kendi beyninizin gerekse de hayalsiz nöronların sizi engellemesine izin vermeyin.

Bölüm 8

Dopamini Özlemek

Yapmış, etmiş, başarmış olmak istiyorsun.
Göle gitmek değil, gölde olmak istiyorsun.
Sürekli bir yere gider gibi değil de,
Bir yere varmış gibi yaşadığın için yorgunsun.

Alıntı

Dopaminin salgılanma mekanizması ve haz-acı dengesi sayesinde hayata dair önemli gerçeklerden birisini bilimsel anlamda da desteklemiş oluruz. Ne zaman güzel bir başarı ya da ödüle ulaşırsak, ardından bir durgunluk dönemine girmek zorundayız. Bundan kaçış yok. Ama günümüz insanı ne yazık ki bunun farkında değil. Öylesine haz bağımlısı bir hale geldik ki herhangi bir ödül sonucu salgılanan dopaminin zirvesindeyken bile sıradaki zirvelerin derdine düşüyoruz. Oysa o an zirvedeyiz. Oturup biraz soluklanalım değil mi? Zaten birazdan hızla ineceğiz o yüzden çöküşten önce etrafınızdaki manzaranın gözlerinin içine uzun uzun bakın. Her bir anını beyninize iyice işleyin. Böylece çöküş sonrası bekleme döneminde ne zaman sıkılsanız beyninizin içindeki bu anıları hatırlayıp biraz nefes alırsınız.

Başta sosyal medya ve cep telefonları olmak üzere bir sürü parmak size çeşitli zirveleri işaret ederek aklınızı çelmeye çalışacaktır. Hepsine kibarca gülümseyiniz ve demlenmekte olan dopaminin başında sabırla bekleyiniz. Emin olun o zirvelerin hiçbiri bir yere kaçmayacak. Zaten sabretmeyi başardığınız an dopamin taban seviyesine zamanında döneceğinizden bir sonraki zirveye gitmek için asla geç kalmayacaksınız. **Hem unutmayın en güzel dopamin yeterince özlenmiş dopamindir**.

Peki dopamin nasıl özlenir? Hatırlayacak olursanız 6. Bölümde bu konuda size önemli tavsiyelerde bulunmuştuk. Eylem tepsinizde her zaman sadece bir tane güçlü dopamin kaynağı olması gerektiğini vurgulamıştık. **Dikkat etmemiz gereken diğer faktör ise tüketim çılgınlığıdır.** Sistem sürekli tüketme üzerine kurulu olduğu için zaman içinde ciddi haz bağımlılarına dönüştük. Bu konuda ne yapılması gerektiğini anlatmadan önce bu çılgınlığın hayatımıza soktuğu ilginç bir kavramdan bahsedelim çünkü durumumuzu harika özetliyor. *Binge-watching*, yani bir dizinin o sezona ait bölümlerini başından kalkmadan art arda izlemek.

Dijital Platformlarla Gelen Dopamin Tuzağı

Sinema sektörü çok uzun yıllar eğlence dünyasında büyük bir güç olarak yer aldı. Yapımcılar 2000'li yılların başında çok güçlü dizilere büyük bütçeler ayırmaya başlayınca 24, *Lost*, *Prison Break* gibi yapımlarla beraber bir anda müthiş bir dizi akımı başladı. O dönemlerde dizilerin bir sezonu her hafta bir bölüm olacak şekilde 3-4 aylık bir döneme yayılarak yayınlanırdı. Büyük kanalların büyük dizi projeleri reytingler için kıyasıya çarpışırken, 1997 yılında kurulmuş olan Netflix adlı şirket tüm sistemin kaderini değiştireceğinden habersiz ufak ufak büyümeye devam ediyordu. O günlerde ciddi bir film arşivini bünyesine katan Netflix çok düşük fiyat ve aboneliklerle insanlara dizi-film DVD'leri kiralıyordu. İstediğiniz filmlerin DVD'lerini size posta ile gönderiyorlar, siz de işiniz bitince bu DVD'leri şirkete geri gönderiyordunuz.

Her geçen gün büyüyen Netflix'in online izlenebilecek bir altyapı kurmasının ardından artık hiçbir şey eskisi gibi olmayacaktı. Kısa zamanda çok geniş kitlelere ulaştıklarında artık kendi yapımlarını üretmeye başlamışlardı. HBO'nun elinden son dakikada kaptıkları *House of Cards* adlı dizi bu yapımların arasında en iddialı olanıydı. Dizinin ilk sezonunun tüm bölümlerini 1 Şubat 2013 tarihinde tek bir seferde yayınladıklarında dizi sektörünü geri dönüşü olmayan bir yola sokmuşlardı. Tahmin edeceğiniz üzere insanlar üst üste bindirilmiş bu dopamin şölenine görülmemiş bir açlıkla saldırmışlardı. O dönemlerde de elbette eski diziler toplu bir şekilde izlenebiliyordu ama bir dizinin yeni sezonuna ait tüm bölümlerinin aynı anda yayınlanması görülmemiş bir durumdu. Sonrasını zaten biliyorsunuz. Dijital platformların çoğalması ile dizilerin sezonlarını tek bir seferde yayınlamak gelenek halini aldı çünkü rekabet büyüktü.

Konumuz elbette dijital platformların tarihçesi değil. Tüketim çılgınlığının kurmuş olduğu dopamin tuzaklarına güzel bir örnek olduğu için buradaki fikri anlamamız lazım. Zaten ilerleyen zamanla beraber bu tuzak bizzat dijital platformların kendisini de yuttu. Görünen o ki insanlar önüne ne konursa hepsini anında silip süpürüyorlardı ve doymak gibi bir ihtimalleri yoktu. Sonuçta kaliteli yapımlar için emek ve zaman gerekliydi ama dijitallerin artık beklemek gibi bir lüksü yoktu. Böylece aceleyle hazırlanmış çok kötü içeriklere maruz kaldığımız dönem resmen başlamış oldu.

Tekrar konumuza dönüp dizi-film izleme alışkanlığımıza biraz daha yakından bakalım. Güzel bir diziye başladık ve ilk bölüm inanılmaz heyecanlı bitti. Siz büyülenmiş bir şekilde ekrana bakarken altta bir yerde ikinci bölüm için geri sayımın başladığını görürsünüz. Dikkat edin, sistem yeni bölüme geçmeyi sizin insiyatifinize bırakmaz. Kararsız kaldığınız o anı fırsat bilerek yeni bölümü bir anda önünüze çıkarır. Mesela ikinci bölüme geçmek için herhangi bir düğmeye basmanız gerekseydi sonuç daha farklı olabilirdi ama rekabet o kadar büyük ki bu riski bile göze almaktan çekiniyorlar.

Peki biz bölümleri peş peşe izlemeye başladığımızda ödül devrelerimizde ne oldu? Örnek grafiğimiz üzerinden düşünürsek dizinin ilk bölümüyle ulaştığımız dopamin zirvesinin tadını çıkaramadan hemen ikinci zirveye atlamış olduk. Üstelik yeni bölüm ne kadar iyi olursa olsun salgılatacağı dopamin, potansiyelinden aşağıda bir seviyede olacaktır. Tıpkı kekten sonra yenilen baklava gibi. Oysa eskiden böyle miydi? Bir dizinin yeni bölümü yayınlandıktan sonra en iyi ihtimalle bir hafta beklemek zorunda kalırdık. Evet beklemek tam bir eziyetti ama şu an bu sürecin dopamin açısından ne kadar değerli olduğunu görebiliyoruz. Mesela ilk bölümde çıktığımız zirvenin hakkını tam anlamıyla vermiş oluyorduk çünkü isteseniz de istemeseniz de beklememiz gerekiyordu. Bu sürede dopamin depolarınız dolmak için fırsat bulurken izleyiciler arasında inanılmaz beyin fırtınaları olurdu. *X'in başına kesin şu gelecek, Y şu kişiyle akraba çıkacak* gibi tonlarca teori havada uçuşurdu ve biz o içeriği (bölümü) her anlamda sindirmiş olurduk. Hele *Lost* gibi diziler söz konusu olduğunda, ortaya çıkan teoriler üzerinde tartışmak bazen dizinin kendisinden bile eğlenceli olurdu. İşte bizden bu müthiş zevki çaldılar.

Peki bugün nasıl izliyoruz? Düşünsenize ilk bölümde tonlarca konuşulacak şey olmuş ama siz hemen ikinci bölüme geçtiğiniz için bu içerik anlamını yitiriyor. Yani başta bahsettiğimiz daha ilk dopamin zirvesinin tadını çıkarmadan hemen ikinciye geçtiğimiz bir durum oluşuyor. Bu kısımda bazılarınız itiraz edip diyebilirler ki "Kardeşim kafanıza silah mı dayıyorlar! Adamlar tek seferde de yayınlasa sen her haftaya bir bölüm gelecek şekilde izle". Keşke yapabilsek ama inanın çok zor. Artık öyle bir haz bağımlısına dönüştük ki bir sonraki bölümü izlemeden sistemden çıkmak için gerçekten güçlü bir iradeye sahip olmak gerekiyor. Ama bu da yetmiyor. Diyelim ki diziyi her bölümü bir haftaya denk gelecek şekilde izleyecek irade ve disiplini ortaya koydunuz. Bu durumda da şöyle bir sorun ortaya çıkıyor. Sosyal medya platformları aracılığıyla birbirimize o kadar güçlü bağlandık ki bekleme süreci içinde dizi hakkında *spoiler* yememe şansınız neredeyse yok. *Spoiler*'ı yedikten sonra zaten diziyi izlemeniz için bir motivasyon kalmıyor. Doğal olarak insanlar gönüllü olmasa bile bu tüketim çılgınlığına dahil olmaya zorlanıyorlar. Neyse ki bu çılgınlığın sürdürülebilir olmadığını fark eden büyük yapımların çoğu yine eski düzene ve haftalık yayın periyoduna döndüler. Bu sayede en azından bazı dizilerde özlediğimiz dopamin zevkine yeniden kavuşmuş olduk.

Dijital platformlarla hayatımıza giren *binge-watching* kültürü ve benzer yaklaşımların tümü bize dopaminle ilgili çok önemli bir gerçeği göstermekte. Bazı şeylerin güzelliğini anlamak için beklemek şart. **Biz buna özlemek diyoruz**. Eğer özlem oluşması için fırsatlar yaratmazsak sürekli tüketen ama asla doymayan garip bir paradoks içine düşmemiz kaçınılmaz. Tıpkı şu anda olduğu gibi.

Dopamin Orucu (Aralıklı Dopamin)

Eğer dopamini demlemek konusunda ciddiyseniz bir gerçeği kabullenmek durumundasınız. Etrafımız tümüyle dopamin kaynakları ile çevrili olduğundan adeta mayınlı tarlada yürüyormuş gibi her hareketimizi düşünerek yapmak zorundayız.

Bu uyarı size abartılı gelebilir ama başlangıçta gerçekten de bu kadar temkinli olmamız gerekecek çünkü bazı alışkanlıklarımız, bedenimiz üzerinde bizden daha fazla söz sahibiymiş gibi gözükmekteler. Mesela kendinize ya da çevrenize dikkat edin. Birçok insan telefonu artık tümüyle refleksel bir şekilde, neden yaptığını bilmeden eline almaktadır. **Yani sanki kontrol sizde değil de telefonda gibidir**. Zaten bağımlılık dediğimiz sürecin temel mekanizması da kontrolün yitirilmesi gerçeğine dayanır. Eğer haz bağımlılığının sınırlarında dolaştığımız gerçeğinin farkına varabilirsek geriye yapılacak tek bir şey kalıyor. Klasik bağımlılık tedavisinde uygulanan süreci bizlerin de yaşaması gerekiyor. Nasıl ki bağımlılık yapan ilgili maddeden uzak kalmaya çalışmak bu işin temel çözümüyse biz de **belli bir süre hazdan uzak kalmayı alışkanlık haline getirmek zorundayız.**

Aslına bakarsanız şu an ihtiyacımız olan süreci oruç tutmaya benzetebiliriz. Olaya ister dini bir ritüel, ibadet olarak yaklaşın isterseniz daha sağlıklı bir fizyoloji için uygulanan "aralıklı oruç" gibi düşünün. Konuşacaklarımız açısından bir farkları yok çünkü ikisinde de süreç bellidir. Belirli bir süre boyunca vücudunuzu aç bırakmanız gerekir. Oruç eyleminin dopamin açısından ilginç bir özelliği vardır. Sizi tüm gün boyunca aç bırakacak motivasyonun ödülü, yemeğin kendisi değildir. Asıl ödül çok farklıdır. Kimisi inancı gereği görevini yerine getirmenin huzurunu yaşarken kimisi daha sağlıklı bir vücuda sahip olmak için verdiği çabadan dolayı mutlu olur. Bu arada evet yemeğin kendisi ödül değildir ama oruç sonunda yenilen yemeğin tadı da bir başkadır. Temel amacımız farklı olsa da yemeğe duyduğumuz özlem, alacağımız tadı ilginç bir boyuta taşır.

Mesela mercimek çorbasını düşünün. Önünüzde bir açık büfe olsa kolay kolay yüzüne bakmayacağınız bu çorba oruçluyken karşınıza çıksın. İlk fark edeceğiniz şey mercimeğin gerçekten de çok güzel koktuğu gerçeği olacaktır. Bir koku, çorbanın sahip olduğu dokuyla ancak bu kadar mükemmel bir uyum içinde olabilir. Limonu alıp çorbanın üzerine sıktığınızda ortada biriken damlalar ilginç bir hal alır. Hani ilk başta kaynaşamayan çocuklar vardır ya kısa bir süre içinde müthiş iki arkadaşa dönüşürler. İşte karşınızdaki görüntü tam da böyledir ve kaşığınızla onları ittirerek birbirlerine iyice kaynaştırırsınız. İlk kaşığı ağzınıza götürdüğünüzde hissettiğiniz şey mercimeğin gerçek tadıdır. Kendisine özgü dokusu, sıcaklığı ve limonun kattığı hafif ekşilikle beraber dilinizdeki tat reseptörlerini adeta coşturur. İşte yaşamış olduğunuz bu coşkuya özlenmiş dopamin diyoruz. Tükettiğiniz ne olursa olsun araya özlem girdiğinde tadından yenmeyecektir.

Amerikalı psikiyatrist Dr. Cameron Sepah tarafından öne sürülen dopamin orucu kısa süre içerisinde hızla popüler hale gelmiştir. Bu kavramla ilgili çeşitli yaklaşımlar olmakla beraber **en popüler olan uygulama 24 saatlik bir süreyi kapsamaktadır.** Kişiler bu süre boyunca yüksek seviyede dopamin salgılatacak her şeyden uzak dururlar. Televizyon, sosyal medya, yağlı-şekerli besinler, bilgisayar, arkadaşlarla buluşma, sigara, alkol gibi önemli dopamin kaynaklarını bir gün boyunca hayatlarının dışında tutarlar. Peki bu orucu hangi sıklıkta uygularlar? Burada da kişiye ve yaşam koşullarına göre değişen bir düzen olmakla birlikte kimisi iki hafta arayla, kimisi ise ayda bir olacak şekilde bu yöntemi uygulamaya çalışır.

Peki bu kişiler 24 saat boyunca ne yapıyorlar? Bu önemli bir sorudur çünkü tüm gün yataktan çıkmayarak oruç tutamanın bir mantığı olamaz. En çok önerilen aktivite yürüyüş yapmak, bol bol etrafı gözlemleyip hayata dair ayrıntıları fark etmek ve sıkılmak. Bununla beraber hafif egzersiz, yazma-okuma gibi seçeneklerin olabileceğini de belirtelim.

Dopamin orucuyla ilgili yaygın olan bir diğer yaklaşımda ise kişiler daha çok kendileri için zararlı olan dopamin kaynaklarını kısıtlama yoluna gitmektedirler. Mesela sosyal medyaya her gün için en fazla 1-2 saat kullanım sınırı koyarak "dopaminin kontrollü kullanımı" gibi olay bazında bir yaklaşımı tercih ederler. Herkesin farklı bir motivasyonu olduğundan hangi yöntemin daha işlevsel olacağı kişinin kendisiyle ilgilidir ama burada ufak bir uyarı yapmamız gerekir. Dopamin orucu yaklaşımının vurgulamak istediği felsefe her ne kadar anlaşılır olsa da bu konu sosyal medya ve bazı insanlar tarafından kolaylıkla amacının dışına çıkarılabilme potansiyeli taşır. Kişilerin kendilerini her türlü hazdan katı bir şekilde soyutladığı bu tarz yaklaşımların o an görülmeyen birtakım zararlara neden olabileceği ihtimalini de gözardı etmeyin.

Kontrol Kimde?

Sonuç olarak adı ne olursa olsun hepimizin ihtiyacı olan asıl şey haz kaynaklarını kontrol edebilecek, uygulanabilir bir yaşam tarzı geliştirmek. Bunun için hayatımıza sokmanız gereken ilk kural, zararlı olan dopamin kaynaklarından ya tamamen uzaklaşmak ya da onlara net bir zaman-kullanım sınırı koymak olmalıdır. Kuralı uygulamak kuralın kendisinden daha önemli olduğu için kısıtlamalarımızı oluşturmadan önce kendimizi ve içinde bulunduğumuz şartları iyi değerlendirmeli ve gerçekçi, uygulanabilir bir model oluşturmalıyız.

Başlangıç olarak büyük dopamin kaynakları arasına mesafe koymayı deneyebilirsiniz. Mesela arkadaşlarınızla dışarı çıktığınız gün o çok sevdiğiniz diziyi izlemeseniz de olur. Bu akşam güzel bir yemek mi yediniz, ertesi güne kesinlikle sıkıcı ama bir o kadar da sağlıklı bir yemek koyun. Böylece depolarınız kendini yenilerken sağlığınız için iyi bir şey yapmış olmanın verdiği haz da işin bonusu olur.

Elbette hayatı programlamak çok zor olduğundan bu sürece adapte olmak hiç kolay olmayacak ama temel kuralımız o kadar açık ve net ki. Sadece buna uymanız bile bu konuda atacağınız büyük bir adım olacaktır. **Yakın bir zamanda güzel bir dopamin zirvesi mi yaşadınız. Hemen ertesinde kendinizi frenleyin ve sizi gerçekten mutlu edebilecek ödül kaynaklarına karşı mesafeli olun.** Zaten siz frenlemeseniz de sistem sizi frenleyecek çünkü zirvenin ardından dopaminin taban seviyesinin altına düştüğünü biliyoruz. O zaman gelin buradan hayatımıza dair önemli bir tespit çıkaralım.

Eğer freni sistemin kendisi yaparsa kötü hissedersiniz. Oysa frene siz basarsanız yavaşlayıp duracağınızı bildiğinizden bundan kötü etkilenmezsiniz.

Aslında bu konuda yapılmış güzel çalışmalar var. Fare ya da hamster kafeslerinde yer alan, hayvanların içinde deli gibi koştukları o tekerleği görmüşsünüzdür. Araştırmacılar fareleri iki gruba ayırarak bu tekerleklerde koşturuyorlar. Sonra da gerçekleştirdikleri bu egzersiz sonunda değişen fizyolojik parametreleri inceliyorlar. **Burada fareler açısından tek bir fark bulunmaktadır.** A grubu fareler koşma eylemini kendi istediklerinde yaparken, B grubundaki farelere aynı sürede zorla koşu yaptırılıyor. **Yani A grubunda kontrol faredeyken B grubunda kontrol tekerlektedir.**

Sonuçlara baktığımızda A grubundaki farelerin fizyolojisinde yaptıkları egzersiz nedeniyle iyileşmeler olduğu görülür. Bu zaten beklenilen bir sonuçtur. Diğer taraftan B grubundaki fareler aynı süre ve şiddette egzersiz yapmalarına rağmen ölçülen parametrelerin daha da kötüye gittiği görülür. Ne ilginç değil mi? Karar kendi kontrolünde olduğunda faydalı olan bir eylem kontrol başkasına geçtiğinde adeta bir "stres faktörüne" dönüşmektedir. **İşte tam da bu nedenle söz konusu dopamin olduğunda kontrolün sizde olması inanılmaz değerlidir.**

Bölüm 9

Başarınızı Değil Çabanızı Ödüllendirin

Mutluluk için iki temel kural vardır.
Her zaman kendinden çok şey bekle,
başkalarından ise oldukça az.
İşte benim senfonim.

Alıntı

Beşinci bölümde ödül ve ceza merkezlerimizin beynimizdeki kritik bölgelerle ne kadar güçlü bağlantılar içinde olduğundan bahsetmiştik. Doğal olarak hem ödül hem de ceza kavramları aldığımız kararlar ve davranışlarımız üzerinde güçlü bir etkiye sahiptir. Ceza kısmı bu kitabın konusu olmadığından bizler için çok değerli bir motivasyon aracı olan **ödül** kavramını ele alacağız. İnsanlık olarak uzun yıllardır ödül kavramını o kadar yanlış kullanıyoruz ki o nedenle temel mesajımızı en baştan verelim.

Sizin açınızdan ortada gerçek bir başarı varsa
o başarınızı lütfen ödüllendirmeyin.

Diyelim ki 10 gündür bir sınava ya da sunuma-toplantıya hazırlanıyorsunuz. Gerçekten çok iyi çalıştınız ve sonuç da gayet güzel oldu. Çok yoruldunuz ama başardınız. Tebrikler. O zaman akşama arkadaşlarla buluşup bu başarıyı güzel bir şekilde kutlamak harika olur değil mi? Değerli okuyucu insanların çoğu başarılarını kutlamaya bayılır ve bundan büyük bir keyif alır ama siz artık çoğunluk arasında değilsiniz çünkü dopaminin çalışma mantığını öğrendiniz. O nedenle bir önceki bölümde bahsettiğimiz o mayınlı tarlada yürüdüğünüzü unutmayın. Kendinize sadece basit bir soru sorun. Gerçekten böyle bir eyleme ihtiyacınız var mı?

Düşünsenize başarınız nedeniyle her damlası hak edilmiş dopamini güzelce salgılamışsınız. Beyninize biraz izin verin de bu başarının tadını doyasıya çıkarsın. Akşam arkadaşlarınızla buluştuğunuzda harika bir zaman geçireceğinizden zerre şüphemiz yok ama atladığınız bir ayrıntı var. **O kadar zor bir süreçten o kadar tatlı bir başarıyla geçtiniz ki bu akşam ne yaparsanız yapın güzel geçecek.** Sadece kanepede oturup boş duvara bile baksanız içinizdeki o hafifleme duygusu iyi hissetmenizi sağlayacaktır. Sonuçta bitmesi gereken bir iş daha başarıyla halledilmiştir. Daha ötesi var mı?

"Olmaz, ben akşam dışarı çıkıp başarımı sevdiklerimle kutlayacağım" demek, çikolatalı kekten sonra yenmeye çalışılan o baklavadan başka bir şey değildir. Etkisi asla büyük olmayacağı gibi sonrasında sizde yaratacağı çöküş daha derin olacaktır. Zaten kimse size eğlenmeyin de demiyor. Bu hakkınızı kenarda bir yerde saklı tutun ve dopaminsiz kaldığınız bir güne denk getirerek hakkını vere vere eğlenin. Eğer bu konuda iradenize güvenmiyorsanız o zaman işin içine şans faktörünü sokabilirsiniz. Mesela güzel bir başarı sonrası kutlama yapıp yapmayacağınıza yazı tura atarak karar verebilirsiniz. Eğer sonuç "kutlama yapma" çıkarsa zaten bizim en başta önerdiğimizi yapmış olacağınızdan herhangi bir sorun olmayacaktır. Yok eğer "kutlama yap" şeklinde bir durum ortaya çıkarsa bu sefer de işin içine "belirsizlik faktörü" girdiğinden dopamin salgılanmasında bir farklılık yaratmış olacaksınız. Peki bu farklılığın önemi ne?

İnsanlarda yapılan bir beyin görüntülemesi çalışmasında ödül "beklenmedik" olduğunda dopaminin etkisinin çok daha güçlü bir şekilde ortaya çıktığı gösterilmiştir. Üstelik bu sırada farklı beyin bölgelerinde de birtakım aktiviteler ortaya çıkmıştır. Aslına bakarsanız kumar ve şans oyunlarıyla ilgili bağımlılığın bu kadar güçlü olmasının altında da benzer bir mekanizma yatar. Ödül kesin olmadığı için ulaşıldığında etkisi daha büyük olur. İşte kumarhanelerde makinelerin kollarını çekip duran kişileri adeta bir zombiye dönüştüren bu dopamine duyulan özlemdir. O nedenle az önce verdiğimiz örnekte olduğu gibi "beklenmedik dopaminin" gücünü, zararlı alışkanlıklara (kumar, bahis vs.) hiç bulaşmadan başarı-ödül ilişkinize entegre edebilirsiniz.

Tüm bu yaklaşımları gereksiz ya da abartılı bulabilirsiniz. Diğer taraftan aileniz ya da yakın çevreniz "olur mu öyle şey, müthiş bir iş başardın, bunu kutlamayacağız da neyi kutlayacağız" gibi samimi cümlelerle kafanızı karıştırabilir ama kural kuraldır. Dopamini gerçekten demlemek istiyorsanız başarı ve ödül ilşkinizdeki dengeyi çok iyi kurmalısınız. **Ortada bir başarı olduğunda işin içine bir de ödül eklemek hem başarının kendisine hem de salgılattığı dopamine yapılan bir haksızlıktır.**

Aslında başarı-ödül ilişkisinde en riskli grup kim biliyor musunuz? Çocuklar. Çünkü bazı ebeveynler gerçekten delirmiş durumda. Çocuklarının en küçük başarısına bile 1000 yılda bir görülen bir doğa olayı gibi yaklaşanlardan tutun, *biz yapamadık bari çocuğumuz yapsın* diyenlere kadar çocuklarına iyilik yaptığını sanan çok fazla ebeveyn var. Oysa bu iyi niyetli yaklaşımları çocuklarının dopaminerjik sistemine zarar verebilir. Günümüz çocuklarında en sık görülen sorunlardan biri **dikkat eksikliği ve hiperaktivite bozukluğudur**. Her ne kadar bu kitabın konusu olmasa da dikkat eksikliği ve hiperaktivite bozukluğunun dopaminerjik yolaklarda yaşanan sorunlardan kaynaklandığını belirtelim. Zaten bu nedenle tedavide dopamin salgılanması üzerinde etkili olan ilaçlar kullanılmaktadır. Günümüz şartlarının çocuklarımızın ödül merkezleri açısından ne kadar riskli olduğunu düşündüğümüzde, ailelerin hem kendi davranışlarına hem de çevre koşullara fazladan bir hassasiyet göstermesi kaçınılmaz bir ihtiyaçtır.

İç Motivasyon *vs* Dış Motivasyon

Başarıyı ödüllendirmenin dopamin dengelerini nasıl bozduğuyla ilgili farklı yaş, cinsiyet ve toplumlarda yapılmış çok fazla araştırma bulunmaktadır. Bu çalışmalardan en popüler olanı birçok kişisel gelişim kitabında da bahsedilmiş olan anaokulu deneyidir. Bilmeyenler için kısaca özetlersek, yapılan çalışmada anaokulundaki çocuklar önce dışarıdan gözlemlendi ve zevk aldıkları aktiviteler not edildi. Boş vakitlerinde resim çizmeyi seven çocuklara bir süre sonra bitirdikleri resimler için ödüller verilmeye başlandı. Tahmin edeceğiniz üzere çocuklar mutlu bir şekilde resim çizmeye devam ettiler. Deney ekibi bir süre sonra çocuklara ödül vermeyi bıraktığında ilginç bir durum gözlendi. İlgili çocuklar resim yapma konusunda artık eskisi gibi hevesli gözükmüyorlardı. Üstelik bazıları ödül uygulaması kesildiği için resim çizmeyi bile bırakmıştı. Özetle hiç ödül yokken zevkle yaptıkları bir aktivite, işin içine ödül kavramı önce sokulup sonra çıkarıldığında baştaki alınan zevki de ortadan kaldırmıştı.

Peki burada tam olarak ne gerçekleşti? **Konuyu anlamak için önce iç ve dış motivasyon kavramlarına bir göz atmamız gerekecek.** Aslında uzun tanımlara gerek yok. Örneğimiz üzerinden gidersek resim yapmak iç motivasyonken, çocuklara ödül vermek dış motivasyondur. Yani bir eylemi yapmaktan normalde zevk alıyorsanız bilin ki o dopamin iç motivasyon sonucu salgılanmaktadır. Diğer türlüsünde yani dış motivasyon durumunda ise adından da anlaşılacağı üzere dışarıdan bir ödül-tetikleyici olmak zorunda. İç ve dış motivasyon ilişkisi açısından uyulması gereken ana kuralımız açıktır.

Eğer zevk alarak yaptığınız (iç motivasyon) bir iş-eylem varsa (enstrüman çalmak, kitap okumak, spor yapmak vs.) başka ödül mekanizmalarıyla (dış motivasyon) buradaki mükemmeliği bozmayın.

Herkesin Derdi Varış Noktası. Sen Yolculuğa Odaklan

Sınavlara çalışmak, para biriktirmek, diyet yapmak gibi uzun sürelere yayılan hedefleri gerçekleştirmek inanılmaz zordur. Genelde bu tarz durumlarda sürecin sonuna konulan ödülün (dış motivasyon) etkili olduğu düşünülür. Oysa aslolan iç motivasyondur. Yani bir işi severek yapanla, sadece sonundaki ödül için yapan elbette bir olamaz çünkü dış motivasyon ne kadar güçlü olursa olsun uzun vadede iç motivasyon kadar etkili değildir. Denklemi böyle kurduğumuzda, sevmediğimiz ama yapmak zorunda olduğumuz uzun vadeli işlerde başarısızlık kaçınılmaz gibi gözükse de iç ve dış motivasyon ilişkisini iyi yönetmemiz durumunda manzara tümüyle değişebilir.

Mesela spor yapmayı sevmediğinizi ama daha iyi görünmek için 6 ay boyunca düzenli spor yapma kararı aldığınızı varsayalım. Böylesine uzun dönemli süreçlerde ödülü sona koymak çok da bir işe yaramamaktadır. Eğer öyle olsaydı tüm dünya sağlıklı ve harika vücutlu insanlarla dolu olurdu. İşte bu noktada karşımıza ikinci bir alternatif yöntem çıkar. Dış motivasyonu sürecin içine yerleştirmek.

Neler olduğunu hatırlayalım. İnsanların büyük bir kısmı gibi siz de zayıf bir motivasyonla gaza gelip ilk 3-4 gün sporunuzu düzenli yaptınız. Ama sonrasında üzerinize çok tatlı bir üşengeçlik bindi. Zaten tüm gün işte-okulda koşuşturmakla, trafikte beklemekle geçti. Kanepede uzanıp sosyal medyaya girmek ya da güzel birşeyler izleyip biraz kafa dağıtmak varken kim uğraşacak şimdi sporla. **İşte böyle anlarda insanlar çözüm olarak dış motivasyonu sürecin içine yerleştirmeyi denerler yani spor yaptıkları zaman dilimini ödüllendirirler.**

Mesela heyecanla takip ettiğiniz bir kitap (sesli) ya da podcast serisi olduğunu düşünelim. Kendinize net bir kural koyup, sevdiğiniz bu içeriği gün içinde sadece spor yaparken dinleyebileceğinizle ilgili bir karar alırsanız işler elbette değişecektir. Bu durumda sizi kanepeden kaldıran güç, spor yapma motivasyonu değil de dinlemek istediğiniz içerikten alacağınız dopamin olacaktır. Bu yöntem başlangıç kısmında spora devamlılığı sağlamak açısından güzel bir çözümmüş gibi gözükse de asıl dopaminin hâlâ dış motivasyon (podcast, kitap) kaynağından geliyor olması uzun vadede ciddi bir sorundur. Doğal olarak ilgili sürecin sekteye uğrama ihtimali yüksektir. Yani bir hafta sonra kendinizi yine aynı kanepede enerjisiz bir şekilde bulabilirsiniz. Tüm bu süreç bize tek bir gerçeği gösterir. **Dış motivasyon bizi ancak belirli bir noktaya kadar götürebilir. Daha da ilerisi için iç motivasyona yani öz dopamin kaynaklarına ihtiyacımız var.**

Emeği ve Harcanan Çabayı Hisset

Peki çok da ilgimizi çekmeyen bir eylemi iç motivasyona nasıl dönüştüreceğiz? Aslına bakarsanız insanların bir şeyleri başarmak için büyük umutlarla çıktığı uzun yolculukların yarıda kalmasının en önemli nedeni, buradaki hassas dönüşümü hayata geçirememekten kaynaklanır. Bu dönüşüm gerçekten zor bir süreç olsa da imkânsız değildir. **Buradaki kilit nokta sürecin kendisini ödüllendirmekten yani verdiğiniz emeği ve harcadığınız çabayı övmekten geçer.** Mesela spor örneğinden devam edersek, düşünsenize herkesin elinde cep telefonu ile zombileştiği bir ortamda siz tembelliğe karşı koyup mücadele ediyorsunuz. Neden? Çünkü farklısınız. O farklılığı hücrelerinizde hissettiğiniz an dopamin kendiliğinden salgılanmaya başlayacaktır. Zinciri kırmadıkça kendinize duyduğunuz saygı daha da artacak ve serotonin de devreye girdiğinde bu durumun yavaş yavaş bir alışkanlığa dönüştüğünü göreceksiniz.

Keşfetmek ve farkındalığın da önemli dopamin kaynakları olduğundan bahsetmiştik. Doğal olarak spor yaptığınız sırada bedeninizde yaşanan sürecin farkında olmak da size iyi gelecektir. Mesela orta tempoda koşu yaptığınız o anı hissetmeye çalışalım. İlk duyacağınız şey tüm gün göğsünüzün içinde sessizce çalışmakta olan kalbiniz olacaktır. Belli ki size anlatacak bir şeyleri var zira bazı anlarda oluşan o güçlü atışları kulaklarınızda hissetmenin başka bir açıklaması olamaz. Tabii kalp coşunca damarlarınızın içinde oluşacak hareketliliği tahmin edebilirsiniz. Kırmızı kan hücreleriniz içinize çektiğiniz oksijeni yakalayıp kendisini adeta akıntının coşkusuna bırakır. Bu sırada uzun zamandır kullanmadığınız kaslara giden oksijenle beraber buradaki hücreler nihayet derin bir nefes alırlar.

Günlük rutininiz içinde fazlasıyla canı sıkılan hücreleriniz inanın ki hareketlenen bu yeni ortamdan fazlasıyla memnun olacaklardır. Evet hepsi ekstradan bir sürü iş yapmak zorunda kalacaklar ama zaten bunun için varlar ve **varolduğunuzu, bir işe yaradığınızı hissetmek inanın bir hücre için bile müthiş bir duygudur**. Burada harcadığınız efor ve emeğin gerçek değerini hissettiğiniz anda dönüşüm başlayacaktır.

Sonuç olarak, koyduğumuz hedefler doğrultusunda ilerlerken iç motivasyon ve dış motivasyon kaynaklarını olması gerektiği gibi kullandığımızda başarı ve mutluluk kaçınılmazdır. **İç motivasyonu bu noktada etrafınızda kimse yokken sizi motive etmek adına sırtınıza vuran hayali bir el gibi düşünebilirsi-**

niz. Yani o el olmadan olmaz. Birçok insan bu sürecin çok zor olduğunu düşünerek daha işin başında vazgeçmektedir. Evet zorluk konusunda haklısınız ama öncesinde bahsettiğimiz gibi aksayan her aşamaya yapacağınız ufak müdahaleler zaman içinde çok değerli katkılara dönüşecektir. Sabretme aşamasında bu gerçeği unutmayın.

Bu arada belki de siz haklı çıkarsınız ve ne kadar deneseniz de yine olmaz. İşte bu durumlar için çok güzel bir söz var. Der ki. "Olmayacak tam bir vazgeçiş kelimesi. Olmadı ise emek yüklü." **İşte o emeğin adıdır dopamin.** Çabaladınız, denediniz ama olmadı. Sorun yok. İstediğiniz sonucu alamamış olsanız bile elinizden geleni yaptığınızı bilmenin verdiği o huzur hissi de ayrı bir dopamin kaynağıdır. Diğer taraftan. Peki ya olursa! Ya bu tarz yaşamayı başarırsanız. **İşte o zaman bize her yer dopamin.**

Kişisel Dopaminimden Bir Örnek

Bu kısımda araya girip kendimden (Serkan) bir örnek vermek isterim. Kurgu-roman başta olmak üzere bir şeyler yazmanın en önemli dopamin kaynaklarımdan birisi olduğunu söyleyebilirim çünkü bu işten gerçekten zevk alıyorum. Sistemim şöyle çalışıyor. Eğer ders, deney, toplantı, etkinlik vs yoksa her gün sabah saat 09.00–12.30 arasını sadece yazmaya ayırıyorum. Kişiden kişiye değişiklik gösterse de biyolojik saatimiz açısından beynimizin en verimli olduğu zaman aralığı bu olduğundan nöronlarımdan olabildiğince üst düzeyde faydalanmaya çalışıyorum.

Dopaminin arka planındaki temel felsefeyi anlamadan önce şöyle çalışırdım. Yazmaya başlamadan önce sosyal medya ve gündemi hızlıca kontrol ederdim. Yani daha hiçbir şeye başlamadan önden gereksiz bir şekilde dopamin hakkımın bir kısmını kullanmış olurdum. Sonra en çok sevdiğim şarkılardan oluşan listemi açar ve müzik eşliğinde (dopamin) keyifle yazardım. Evet eğlenceli oluyordu ama sonradan gördüğüm üzere kesinlikle gerekli değildi. Daha önceki bölümlerde bahsettiğimiz üzere böyle davranarak aslında dopamin kaynaklarımı gereksiz yere birleştirip yanlış kullanmış oluyordum.

Artık yazarken dopaminin felsefesine de dikkat ediyorum. Mesela bilgisayarın başına oturduğumda internet, sosyal medya vs. hiçbir şeye bakmadan doğrudan yazmaya başlıyorum. Sanırım günün en güzel kısmı o 1-1,5 saat içinde geçiyor. Doğrudan iç motivasyon (yazmak) sayesinde dopamini dalından yediğimi söyleyebilirim. Sonra yaklaşık 10 dakika (kısıtlanmış süre) hızlıca sosyal medya ve gündeme bakıyorum. Aynı zamanda sosyal medyaya içerik ürettiğim için bunu haz amaçlı değil de bir anlamda görevmiş gibi yapıyorum. Burada en kritik nokta süre kısıtlamasına uymak çünkü parmağınız ısrarla ekranı bir yerlere kaydırmak istiyor.

Kısa bir aradan sonra tekrar yazmaya dönüyorum. Kurgu yazarken bazen kendimi o kadar kaptırıyorum ki bir bakmışım saat 12.30'u geçmiş. İşte o an kafamdaki temel notları alıp yazma eylemini ilk fırsatta sonlandırıyorum. Aslına bakarsanız hâlâ keyif aldığımdan yazmaya devam edebilirim ama yine de bitiriyorum. Neden? Çünkü dopamini özlemem lazım.

Bu arada elbette her zaman böyle olmuyor. Bazen de 1-2 saat sonunda yazmakla ilgili pek bir hevesim kalmıyor. Aslında orada bırakmam lazım ama bazen yetiştirmem gereken bir iş olduğundan, yazmaya devam ediyorum. İşte burada ödül hakkımı (dış motivasyon) kullanarak sevdiğim şarkı listesini açıyorum ve oradan gelen dopaminle bir şekilde günü kurtarmış oluyorum.

Minik not: Bu arada tüm bunları yaparken her yarım saatte beş dakikalığına kalkıp kısa yürüyüş, esneme gibi hareketler yaptığımı özellikle belirteyim. Sonuçta uzun süreli oturmanın fizyolojimize nasıl zarar verdiğinin farkındayım.

Bölüm 10

Dünyanın En Uzun Süreli Mutluluk Araştırması

Mutluluk seninle ilgili bir kavramdır.
Sahip olduklarınla ilgili değil.

Alıntı

İnsan nasıl daha mutlu yaşar? Antik dönemde yapılan nice filozof tartışmalarından tutun edebi eserlerdeki karakter analizlerine kadar hemen her yerde bu sorgulama karşımıza çıkar. Elbette bilim dünyasında bu konuyla ilgili yapılmış çok fazla bilimsel araştırma olmasına rağmen bunlardan bir tanesi fazlasıyla öne çıkmaktadır. Harvard Üniversitesindeki bir grup araştırmacı bu sorunun cevabını bulma konusunda o kadar ciddiydiler ki **85 yıl önce başlattıkları araştırma günümüzde hâlâ devam ettirilmektedir**. Peki şu an aramızda bile olmayan bu araştırmacılar tam olarak nasıl bir çalışma tasarlamışlardı?

1938 yılında başlatılan araştırmada 11 ila 19 yaş arasında 724 erkek seçilmişti. Özellikle çocukluk dönemindeki yetişme koşullarının etkisini merak eden araştırmacılar katılımcıları iki farklı sosyal grup içinde yetişen gençler arasından seçmişlerdi. İlk grubu, Harvard Üniversitesinde okumakta olan öğrenciler arasından seçilen 268 genç oluşturuyordu. Gelir seviyesi belirli standartların üzerinde olan ailelerde yetişen bu gençler ideal koşullarda bir çocukluk geçirmişlerdi. Geriye kalan 456 katılımcı ise Boston şehrinin en yoksul mahallelerinde büyümüş ve eğitimlerini burada almış gençlerden oluşuyordu. Araştırma kapsamında katılımcılarla her 2 yılda bir anket yapıldı. Ayrıca bu kişiler her 5 yılda bir kapsamlı sağlık taramalarından geçirildi ve kendileriyle yaşadıkları hayata dair uzun görüşmeler yapıldı.

Tam bu noktada şunu belirtmek gerekir ki "mutluluk, iyi yaşam" gibi cevabı net olmayan konularda, belirli soru kalıplarıyla yapılan anket analizleri günümüzün bilimsel değerlendirme anlayışı açısından zayıf bir bulgu olarak kabul edilebilir. Bununla beraber kişilerin düzenli yapılan sağlık taramaları ve hastalık geçmişlerinin oluşturulması çalışmaya ait değerli bir veri setidir. Bugün bu çalışmayı konuşmamızın asıl nedeni ise **85 yıl gibi çok uzun bir gözlem süresine sahip olmasıdır.** Sadece bu özelliği bile araştırmanın sonuçlarını bizim için çok değerli kılmaktadır. Bu arada araştırmanın yıllar boyunca incelenen kişilerin çocukları üzerinden (İkinci nesil) günümüzde devam ettirildiği bilgisini de not olarak düşelim.

Mutluluğun En Güçlü Belirleyicisi

Yıllar içerisinde analiz edilen onlarca parametre sonucunda mutlulukla ilgili **altı başlıkta** sınıflandırabileceğimiz önemli bulgular elde edilmiştir. Bu sonuçlardan en önemli olanı yani araştırmanın ana bulgusu hayatımıza dair çok çarpıcı bir tespit içermektedir. Buna göre,

Yakın ilişkiler, arkadaşlık ve dostluklar söz konusu mutluluk olduğunda para, zekâ, sosyal statü, şöhret ve hatta genlerimizden bile daha önemlidir.

Evet yanlış okumadınız. **Araştırmanın ana sonucuna göre aile ve arkadaşlarla kurulan güçlü sosyal bağlar hem daha mutlu hem de daha uzun yaşamamıza katkı sağlamaktadır.** Ne garip değil mi? Oysa insanların çok büyük bir kısmı tüm hayatlarını para, şöhret ve sosyal statü peşinde koşarak tüketirler. Sosyal medyada, televizyonlarda ünlülerin ve zenginlerin hayatlarını büyük bir keşke içinde izler ve hayaller kurarız. Elbette para ve sosyal statü değerli kavramlar ama görünen o ki asıl ihtiyacımız olan şey en yakınımızdakilerdir.

Mesela ilgili araştırmada gönüllülerin **50 yaşında yapılan ölçümlerinde içinde bulundukları ilişki kalitesinin, fiziksel sağlıklarını etkilemede kolesterol seviyelerinden bile daha güçlü olduğu** gösterilmiş. Yani yeri geldiğinde yanlış yapılmış bir evlilik, damarlarınızın tıkanıklık seviyesinden çok daha tehlikeli bir sorun olabilir. Zaten sonrasında yapılan analizlerde de 50 yaşında ilişkilerinden en çok memnuniyet duyanların, 80 yaşına geldiklerinde de en sağlıklı olan kişiler olduğu gösterilmiş.

Çocukluktan beri yegâne başarı kriteri iyi bir iş, yüksek bir maaş olan bizler için bu araştırmanın sonucu şaşırtıcı gözükse de olaya biyolojik açıdan baktığımızda elde edilen bulgular (sosyal bağın önemi) oldukça tutarlıdır. Sonuçta ister ilkel ister modern olsun, her insan genlerine işlenmiş iki temel biyolojik kural ile doğar. Bunlar "hayatta kalmak" ve "üremektir". Bu kuralların her ikisi de tümüyle sosyal bağlar üzerine inşa edilmiştir.

Mesela üremeyi düşünelim. İnsanlar bölünerek çoğalamayacağı için karşı cinsiyete ait bir insanla sosyal bağ kurmak zorundadırlar. Diğer taraftan hayatta kalmak için de insanlarla beraber olmanız gerekmektedir. Eğer eski zamanlardaki ilkel insanlara bakarsanız temel bir yaşam kuralı görürsünüz. **Birlikte olmak hayatta kalmak demekken, yalnız kalmak ölüm anlamına gelir.** Çünkü ekosistemdeki pozisyonu nedeniyle gerek avlanmak gerekse de korunmak için insan denen memelinin bir arada olma zorunluluğu vardır.

Elbette günümüz modern insanı açısından bu tarz bir ihtiyaç artık elzem değildir. Yani tek başınıza da güvenli ve lüks bir hayat yaşayabilirsiniz. Fakat burada dikkat edilmesi gereken ince bir detay var. Üzerinizdeki kıyafetten kullandığınız teknolojiye kadar insanlığın yüzlerce yıllık bir bilgi birikimiyle yaşıyor olsanız da sahip olduğunuz beyin ve fizyolojik alt yapınız ilkel insanınkiyle hemen hemen aynı yapıdadır. Doğal olarak yaşam koşullarınız ne kadar iyi olursa olsun, **beyniniz açısından en temel dopamin kaynağı sosyal bağlar ve birliktelik olmak zorundadır**.

Günümüzde yapılan birçok araştırma yalnızlığın ya da yanlış bir insanla olmanın kalp damar sisteminden tutun hücresel düzeyde gerçekleşen olaylara kadar birçok noktada olumsuz etkiler gösterdiğini ortaya koymuştur. Hatta 85 yıllık araştırmanın sonuçları da benzer bir bulguya sahiptir. Buna göre "yalnızlık" sağlığımız açısından sigara ve alkol kadar tehlikeli gözükmektedir.

Bağlı Olmak ya da Bağımlı Olmak. İşte Bütün Mesele Bu

Yazar Johann Hari gerek kitabında (*Chasing the Scream*) gerekse de yapmış olduğu TED konuşmasında sosyal bağların aslında ne kadar güçlü bir dopamin kaynağı olduğuyla ilgili güzel bir tespitte bulunur. Bu ilişkiyi de uyuşturucu maddelerle yapılan ilk hayvan deneyleri üzerinden kurar. Bu deneylerde bir fare, içinde normal su ve uyuşturucu madde katılmış su bulunan bir kafese konur. Araştırmacılar farenin hangi suyu daha çok tüketeceğini merak etmişlerdir. Sonuç bekledikleri gibi çıkmıştır. Fare dopamin salgısına neden olduğu için uyuşturuculu suyu tercih etmiş, sonunda da ilgili maddeye bağımlı olmuştur.

Psikolog Bruce Alexander ise 1970'li yıllarda oldukça popüler olan bu deney yöntemiyle ilgili önemli bir detayı fark etmişti. Deneylerin hepsinde fare kafeste yalnızdı ve kafesin içerisinde dopamin kaynağı olabilecek başka hiçbir şey yoktu. **Peki bu hayvana dopamin kaynağı olabilecek bir alternatif sunulsaydı fare yine de uyuşturuculu suyu tüketir miydi?** Bunun üzerine içinde bir sürü oyuncak ve tünellerin olduğu büyük bir kafes tasarladı (fare parkı). Daha sonra 3-4 fareyi kafese aynı anda koydu. Sonuçlar ilginçti. Bu kafeste de yine iki çeşit su olmasına rağmen önceki deneylerin aksine, bir arada yaşayan fareler uyuşturuculu suyu tercih etmemişlerdi. Yani hayvanlara alternatif bir dopamin kaynağı sunulduğunda bağımlı olmaktan kurtulmuşlardı. Buradaki alternatif dopamin kaynağı kafesin içindeki oyuncaklar ve diğer hayvanlarla kurulan sosyal bağlardan geliyordu.

İlginç bir şekilde Vietnam Savaşı'nda bu duruma benzer bir olay yaşanmıştır. Savaşın şartları ne yazık ki birçok askeri eroin bağımlısı haline getirmiş ve bu durum Amerikalıları fazlasıyla tedirgin etmişti. Sonuçta savaş bitiminde binlerce eroin bağımlısı asker ülkeye dönecek ve muhtemelen çok fazla soruna neden olacaklardı. Ama gelişmeler hiç de düşündükleri gibi olmadı. Bağımlı olan askerlerin çoğu ailelerinin yanlarına döndüklerinde, kısa sürede uyuşturucu ile olan ilişkilerini bitirmişlerdi.

Tüm bu bilgiler bize dopamin ile ilgili en önemli gerçeği göstermekte. En başta da belirttiğimiz gibi insanın en temel ihtiyaçlarından birisi bağ kurmaktır. Çünkü kurduğu bu bağlar sayesinde dopamin salgılar. Burada asıl mesele neyle bağ kurduğumuzdur. **İyi şeylere mi bağlıyız, yoksa kötü şeylere mi**

bağımlıyız? Bu sorudan da anlayacağınız üzere günümüzde bağımlılık sorunu yaşayan birçok insanın temel ihtiyacı, doğru şeylerle yeniden bağ kurabilmektir. O nedenle bağımlılıkla mücadele eden kişiler açısından yakın arkadaşlar ve aile bireylerinin sosyal desteği son derece kıymetlidir.

Araştırmanın Diğer Sonuçları

85 yıllık araştırmanın en önemli sonucu olan sosyal bağlar faktörünü iyice vurguladıktan sonra gelin geri kalan 5 temel bulguya da bir göz atalım.

1- **Mutlu bir çocukluk:** Çocukluğu mutlu şekilde geçen bireylerin ilerleyen yaşamlarında fiziksel olarak daha sağlıklı, sosyal ilişkileri daha kuvvetli ve depresyona daha dirençli oldukları tespit edildi. Kötü bir çocukluk geçirenlerin ise ileride mutlu olmalarının daha zor olduğu görülmüş ancak orta yaşlarda bu durumun üstesinden gelinebileceği vurgulanmıştır.

2- **Zaman Yönetimi:** Çalışmanın yine çok net vurguladığı sonuçlardan birisi, sevdikleri kişilere daha fazla zaman ayıranların daha mutlu olduğuyla ilgili elde edilen bulgudur. Günümüzde başarı ve hırs peşinde koşan birçok insanın içlerinde hissettiği derin mutsuzluğun nedenlerinden birisi de sevdiklerine ayırmaları gereken vakti başkalarıyla mücadele etmek için harcamalarından kaynaklanıyor olabilir.

3- **Yaşam tarzı:** Katılımcılar içerisinde fiziksel olarak aktif, sigara içmeyen, kilosu normal ve evliliği huzurlu olan kişilerin deyim yerindeyse güzel yaşlandıkları vurgulanmıştır.

4- **Ne zaman bırakacağınızı bilmek:** Geçmişte yaşadıkları sıkıntı ve başarısızlıkları daha çabuk unutanların ileride çok daha mutlu oldukları görülmüş. Bu kişiler zamanlarının çoğunu daha pozitif gelişmelere odaklanarak geçirdiklerini belirtmişlerdir. Bu sonuçlardan da gördüğümüz üzere bir şey için mücadele etmek elbette önemli ama bazen ne zaman vazgeçeceğimizi bilmemiz de gerekiyor. Tıpkı o güzel sözün söylediği gibi "Bir şeyi çok sıkı tutmaya çalışmak; onun elinizde daha fazla kalmasını sağlamaz. Sadece giderken avuçlarınızın daha fazla yaralanmasına neden olur."

5- **Mutsuzlukla Başa Çıkma Stratejileri:** İhtiyacı olanlara yardım etmek, fedakârlık yapmak, olumsuz duyguları hayattan çıkarmak ve minnet duymak gibi davranış modelleri mutsuzlukla başa çıkma konusunda büyük önem taşır. Bu bulgu araştırmanın en değerli sonuçlarından bir diğeridir. O nedenle gelin yardımseverlik ve minnet duygusuna daha yakından bakalım.

Şükretmenin ve Yardımseverliğin Mükemmelliği

Minnet duymak ya da şükretmek kavramları daha çok dini inanç perspektifinde karşımıza çıkan konulardır. Yaratıcıya duyulan saygıyı ve insanlara bahşedilen nimetlerle ilgili memnuniyeti ifade eden bir iletişim biçimidir. Farklı dinlerde bile "şükretmek" kavramının ortak bir davranış modeli olarak kendisini göstermesi, bu durumun kültürel boyuttaki önemini de vurgular. Dini ve kültürel alanlarda sıklıkla irdelenen bu meselenin biyolojik anlamdaki karşılığının fazla bilinmemesi insanlık için gerçekten büyük bir kayıptır **çünkü minnet duymak önemli dopamin kaynaklarımızdan birisidir.**

Sosyal bağlar kurmanın ve bir topluluğa ait olmanın biyolojik anlamda ne kadar büyük bir ihtiyaç olduğundan bahsetmiştik.

Zaten bu nedenden dolayı biyolojimiz insanı yalnızlıktan çıkarmak ve bir topluluğa karıştırmak için yeterince işlevsel bir yöntem kullanır. Bunu da sosyalleşme ya da yardımlaşma sırasında her iki tarafı da ödüllendirerek yapar. Mesela A kişisi B kişisine bir hediye verdiğinde B kişisi mutlu olur. B'de salgılanan dopamin sosyal bağ kurmayı çekici kılar. Ama biyolojimiz işini asla şansa bırakmaz. A kişisini de başkasına hediye verdiği için mutlu eder. Böylece ortada tek bir hediye olmasına rağmen sosyal bağı kuran her iki tarafı da dopamin ile ödüllendirir. Gerçekten mükemmel.

Tıpkı o güzel sözün söylediği gibi, "Sizde olmadığı halde başkalarına verebileceğiniz en büyük hediye mutluluktur". Birilerine yardım ettiğimizde ya da bir tanıdığımıza hediye verdiğimizde bu kadar iyi hissetmemizin altında sosyal bağlar ve ödül sistemimiz arasındaki yakın ilişki yatar. İyilik yapmak ve minnet duymak da çoğunlukla benzer yolaklar üzerinden etkisini gösterir.

Yapılan birçok araştırma minnettar kişilerin bağımlılık, depresyon, tükenmişlik gibi durumlara daha az eğilimli olduğunu göstermiştir. Peki bu durumun oluşmasındaki sebep ne? Cevap basit. Tatmin olma duygusu. Kitabın büyük bir kısmında modern haz tuzaklarının bizi ne kadar büyük bir tatminsizliğin içine hapsettiğinden bahsetmiştik. Öyle ki yeni alınmış bir ödülün zirvesindeyken bile gözümüzün diğer dopamin zirvelerinde olduğunu söylemiştik. İşte şükretmeyle beraber ortaya çıkan bu tatmin olma duygusu zirvedeki manzarayı doyasıya seyretmenizi sağlamaktadır.

Minnettar kişilerin daha kolay tatmin olmalarının altındaki en önemli dinamik kıskançlık, narsisizm ve açgözlülük gibi olumsuz duyguları hayatlarına sokmamalarından kaynaklanır. Normal bir ilişkiyi ya da iletişim kurma çabasını kötü yönde etkileyecek bu olumsuz duyguların olmaması demek bu kişilerin arkadaşlık ve dostluk ilişkilerini daha sağlam temeller üzerine kurması anlamına gelir. Bu da minnettar kişilerin daha kolay sosyal bağ kurmasına ve dopamin tarafından ödüllendirilmesine neden olur. Yapılan araştırmalardaki ilginç bulgulardan bir tanesi de şükretmek konusundaki hassas kişilerin uyku kalitesinin daha yüksek olmasıdır. Çünkü "huzur" dediğimiz şey en güzel uykuların en tatlı ninnisidir.

Maddi durumu fazlasıyla yerinde olan zengin kişilerin ya da ünlülerin çeşitli hayır işlerinde ve toplumsal farkındalık projelerinde gönüllü bir şekilde yer almasının altında buradaki dopaminin cazibesi yatar. Sonuçta bu insanlar paranın satın alabileceği her türlü dopamini tattıkları için yardımseverlikleri karşılığında salgılanan organik dopamini fazlasıyla çekici bulurlar. Bilimsel araştırmalara baktığımızda elde edilen gelir ve mutluluk arasındaki ilişkiyi inceleyen birtakım çalışmalara rastlarız. Buradaki genel sonuçlara göre, gelirle birlikte mutluluğun arttığı lakin bir seviyenin üzerine çıkıldığında gelir artsa da mutluluğun bu durumdan pek etkilenmediği gözükmektedir. 2008 yılında yapılan bir araştırmada ise insanların para harcama davranışları ve mutlulukları arasındaki ilişki incelenmiştir. Sonuçlar gerçekten ilginç. Buna göre insanlar başkaları için para harcadıklarında kendileri için yaptıkları harcamalara göre daha fazla mutlu olmaktadırlar.

Eğer hayatınızın bir döneminde gerçek anlamda zorlu bir deneyim yaşadıysanız (sınır ötesi askerlik, aşırı kötü koşullarda yaşamak, ciddi bir hastalık gibi) bu koşullar bitip de hayatınız normale döndüğünde inanılmaz bir aydınlanma yaşarsınız. Öncesinde çok fazla önemsemediğiniz şeylerin aslında ne kadar derin anlamlara sahip olduğunu fark edersiniz. Bankta arkadaşınızla yan yana oturmak, otobüsün orta kapısının açılırken çıkardığı ses, yağmurdan sonra ortaya çıkan koku. Eğer onları fark ederseniz hepsinin bir dopamin kaynağı olduğunu görebilirsiniz. Sanki uzun süre nefessiz kalmışsınız ve aldığınız ilk nefeste havanın bir tadı olduğunu hissetmiş gibi hayat denen mucizenin detaylarına büyük bir hayranlıkla bakarsınız. İşte bu hayranlıktır ilahi bir güce ya da doğaya içten şükran duymanızı sağlayan...

Bölüm 11

Bağımlıyım Sana Dopamin ve Sıkılmak Güzeldir

Perişan bir haldeyim.
Fakat içimde kendimden bile sakladığım bir ümit var.

Sabahattin Ali

Bağımlılık doğrudan dopamin ve ödül sistemimizle ilgili bir mesele olsa da tek başına bir kitap oluşturacak kadar yoğun bir içeriğe sahip olduğundan bu bölümde sadece genel özelliklerinden bahsedeceğimizi belirtelim. Eğer bağımlılıkla mücadele etmeye çalışan biriyseniz bu kitap size en fazla yolu gösterebilir. Kesin olan bir şey var ki bu yolculuk düşündüğünüzden çok daha zordur ve bu konuda size rehberlik edecek kapsamlı kaynaklara ihtiyacınız olacaktır.

Uyuşturucu, alkol, kumar, teknoloji, oyun, sosyal medya, cinsellik gibi birbirlerinden çok farklı gözüken tüm bağımlılıkların temelinde aslında benzer bir mekanizma yatar. İlgili eylem ya da maddenin ödül merkezimiz üzerindeki gücü bağımlılığın derecesini belirler. Dopamin ve bağımlılık arasındaki ilişkide genellikle gözden kaçan önemli bir ayrıntı vardır. Bunun ne olduğunu anlayabilmemiz için önce klasik bağımlılık mekanizmasına bir göz atmamız lazım.

Örnek olarak en etkili bağımlılıklardan biri olan uyuşturucu kullanımını ele alalım ve tüketilen maddeye de X diyelim. Kişi

X maddesini ilk kullandığında "uçuş etkisi" olarak tanımlayacağımız müthiş bir haz yaşar. Bu kadar yüksek hazzın oluşmasında X maddesiyle ilgili iki kritik faktör rol oynar. Meydana gelen etki hem çok hızlı oluşur hem de çok güçlüdür. Hız ve gücün birleşimi kısa sürede aşırı dopamin salgısına neden olduğundan beyin adeta neye uğradığını şaşırır. Doğal olarak kişi aynı uçuş hissini yaşamak için X maddesini tekrar kullanmak ister ve karanlığa giden yolculuğumuz böylece başlamış olur.

Köprüden Önceki Son Çıkış

Dopaminin çalışma felsefesi gereği tekrarlayan kullanımlarda ilk uçuş etkisi benzer şekilde oluşmayacak ve X maddesinin verdiği haz etkisi her kullanımda azalmaya başlayacaktır. Çünkü dopamin için önceliğin her zaman yeni kaynaklar olduğundan bahsetmiştik. Ne yazık ki insanların çoğu ödül merkezinin asıl ihtiyacını fark edemediğinden bu tarz deneyimlerde genellikle ilk akıllarına gelen fikri uygulamaya koyarlar. Nedir o? *Madem X maddesinden ilk baştaki zevki artık alamıyorum o zaman ben de dozu biraz artırayım.* Bu basit yaklaşım kısa vadede işe yarıyor gibi dursa da uzun vadede kişiyi inanılmaz bir karanlığa çekecek kısır döngünün başlangıç noktasıdır. O nedenle bu kritik noktayı çok ama çok iyi anlamamız gerekecek.

Kişi dozu artırdığında bir süre daha yüksek bir haz hissedecek ama sistemin çalışma felsefesi aynı olduğu için yeni doz da bir süre sonra yetmemeye başlayacaktır. Bu sırada her ne kadar detaylara girmesek de arka planda ilgili maddenin bağlandığı reseptör sayılarında meydana gelen değişikliklerle beraber hücre içinde çok ilginç olayların gerçekleştiğini belirtelim. Moleküler düzeyde gerçekleşen tüm bu olayların vermek istediği mesaj nettir.

Dozu artırdığının farkındayım. Belli ki daha fazla dopamin istiyorsun ama verebilecek dopaminim neredeyse kalmadı. Zaten aynı eylemi sürekli tekrarlayarak gereksiz yere tüm depolarımı boşalttın. Dolabilmem için zamana ihtiyacım var. Elbette kenarda zor günler için sakladığım bir miktar dopamin var ama onu istiyorsan şu salak X'in başından kalk ve yeni bir dopamin kaynağı keşfet. Yoksa dopamini falan unut.

Tabii ödül devreleri bu şekilde cümle kuramadıkları için arka planda güçlü dopamin çöküşleri yaratarak kişinin kendisini çok kötü hissetmesine neden olurlar. Doğal olarak haz-acı dengesinde acı kısmı ciddi bir şekilde ağır basmaya başlar ve beraberinde yoğun bir arzulama hissi ortaya çıkar. **Aslında burada arzulanan yeni kaynaklardan alınması gereken dopamindir** ama kişi bu biyolojik mesajı anlayamaz ve tüm arzusunu X maddesine yöneltir. Bu korkunç bir hatadır.

Bazı kişiler bu mesajı anlayabilir ve yeni dopamin kaynaklarına yönelmek isteyebilir. Ama X maddesinin etkisi o kadar hızlı ve güçlüdür ki kişi diğer kaynaklar için beklemeye tahammül edemez. İşte bağımlılığa giden yoldaki en kritik ayrım bu noktada karşımıza çıkar. Burada üzerinde kocaman harflerle "köprüden önceki son çıkış" yazan bir tabela varmış gibi düşünebilirsiniz. Bu tabelayı ne zaman göreceğiniz kullanılan maddenin gücü ile ilgilidir. Bazıları o kadar kuvvetlidir ki sizi ilk kullanımda bile bir bağımlıya dönüştürme potansiyeline sahiptir. Tabelayı görmezsiniz bile çünkü ortada bir köprü yoktur. Doğrudan uçurum vardır.

Söz konusu daha orta seviyede bağımlılıklar olduğunda bu tabelayı gördüğünüzde sadece ilgili bağımlılıktan uzak kalmayı başarmanız bile çok değerli olacaktır. Ciddi bağımlılıklarda bunun asla tek başına yetmeyeceğini ve tıbbi müdahaleye ihtiyaç olduğunu özellikle belirtelim. Örneğimize dönersek ne yazık ki birçok insan sadece arzusuna odaklandığından bu kocaman tabelayı göremez ve hiçbir yere gitmeyen yolculuğuna son hız devam eder.

Dopaminin Karanlık Yüzü

Arzusunun verdiği mesajı doğru anlamayıp yanlış yolda son sürat giden bu kişiler artık **resmi anlamda bir madde bağımlısıdır**. İşin ironik tarafı bu saatten sonra kullandığı yüksek dozlara rağmen aldığı zevk minimum seviyelerde olacaktır. Sistem öylesine kilitlenmiştir ki kişi adeta keşfettiği yüzüğün esiri olan Gollum'a dönüşür. İşte bölümün başında bahsettiğimiz gözden kaçan detay tam bu noktada karşımıza çıkar.

İlk başta yüksek haz almak için başlayan madde kullanımının tabiatı artık değişmiştir. Dışarıdan baktığımızda bu insanları haz peşinde koşan kişiler olarak görsek de aslında onların tek bir isteği vardır. Beyinlerinde hissettikleri o büyük acıyı kısa bir süreliğine de olsa susturabilmek.

Dopaminin çalışma felsefesinde önemli bir dinamik olan haz-acı dengesi burada çok ciddi sekteye uğradığından her kullanımda alınan zevk azalacağı gibi "beklenen dopaminin" bir türlü gelmemesinin ürettiği acı katlanarak artacaktır. İşte bu durum korkunç bir arzulama hissine neden olur. Bu arzunun kökeninde yatan acı o kadar derindir ki o dopamini salgılatmadığınız müddetçe sizi tam anlamıyla tüketir.

Dopamin denen mükemmel molekül doğru kullanmayı beceremediğimizde bizi gerçekten çok derin karanlıklara götürebilme potansiyeline sahiptir. Madde bağımlılığının ileri aşamalarında karşımıza çok tehlikeli bir durum çıkar. Kişi öylesine dopaminsiz kalmıştır ki X maddesini bıraksa bile yaşadığı acı uzun bir süre kendisine eşlik edecektir. Depolar tümüyle boşaltıdığı için beklemek bu sürecin en zor ve en acı verici kısmıdır. Bu seviyede yeni dopamin kaynakları da dahil olmak üzere hayata dair hiçbir şey zevk vermez. Zaten bu yüzden insanların çoğu dayanamayıp ilk fırsatını bulduğunda bağımlılığına geri döner. Eğer tıbbi bir müdahale gerektirecek özel bir durum yoksa ihtiyaçları olan asıl şey sabırla beklemek ve hiçbir şekilde o maddeye dönmeyeceğini kabullenmektir.

Genetik ve Bilinçsiz Güçler

Örneğimizi madde kullanımı üzerinden vermiş olsak da burada bahsettiğimiz temel mekanizma neredeyse tüm bağımlılıklarda benzer şekilde işlemektedir. Burada tehlikenin boyutlarını belirleyen bağımlılık yapan madde ya da eylemin fizyolojimiz için ne kadar zararlı olduğu gerçeğidir. Yani bir uyuşturucuya bağımlı olduğunuzda beyninizin bir süngere dönüşme ihtimali varken şekere bağımlı olduğunuzda yaşayacağınız sorunlar daha çok obeziteyle ilgili olacaktır. Diğer taraftan iş bağımlısıysanız bu durum ekonomik anlamda size katkıda bulunabilir, bazı insanlar sizden övgüyle bile bahsedebilirler. Yine de avantaj gibi gözüken bu durum arka planda hayata dair birçok güzelliği kaçırma ihtimaliniz olduğu gerçeğini değiştirmez.

Bağımlılık gerçeği bizleri çok basit bir soruyla karşı karşıya bırakır. Beynimizin içinde bizi yeniliklere ve keşfetmeye yönelik çalışan mükemmel bir sistem olmasına rağmen **nasıl oluyor da insanlar bu basit sistemi doğru düzgün kullanmayı beceremeyip her şeyi yüzlerine gözlerine bulaştırıyorlar?** Aslında bu durumun temelde iki nedeni var. İlki doğrudan bizimle ilgili çünkü bağımlılığa yatkınlık açısından kişiler arasında farklılıklar bulunmaktadır. Araştırmalara göre insanların yaklaşık %15-20'sinin genetik anlamda bağımlılığa daha yatkın olduğunu söyleyebiliriz. Yani bazı insanlar gerçekten de daha kolay bağımlı olma potansiyeline sahiptirler ama bu durum onların kaderi değildir. Yaşam şeklimizin de bağımlılık üzerinde çok önemli bir rolü vardır. O nedenle genetik yatkınlığınız olsa bile bu mekanizmayı anladığınızda diğer risk faktörlerini daha bilinçli kontrol edebilirsiniz.

İkinci neden ise bizim dışımızdaki dünyayla ilgilidir. Tüketim sistemi hemen her alanda ödül merkezlerimizi *hack*'lemeye çalıştığından gerçekten savunmasız durumdayız. Sistem için tek kriter "gücü korumak" olduğundan beyinlerimizde nasıl kalıcı hasarlar oluşturdukları inanın zerre umurlarında değil. Öyle ya. Yeryüzünde milyarlarca insan var. Birkaç milyon tanesinin hayatı bağımlılıklar yüzünden mahvolsa ne olacak ki. **İşte karşımızda böylesine bilinçsiz bir güç olduğunda kendimizi savunacağımız tek alternatif bu konuda bilinçlenmekten geçiyor.** O nedenle beynimizi koruyabilmek için dopamin sisteminin çalışma mantığını çok iyi anlamalıyız.

Birçok insan bağımlılık yapan maddenin bırakılması ya da kısıtlanması sonrasında dopamin devrelerinin düzelebilmesi için ne kadar zamana ihtiyaç duyduğunu merak eder. Bu sorunun cevabı bağımlılığın neye karşı olduğuna, süresine, gücüne ve vücudunuzda meydana getirdiği fizyolojik hasara göre çok fazla değişkenlik gösterir. Lakin bu konudaki genel bilimsel görüş, ilgili madde ya da eylem bırakıldıktan sonra dopamin devrelerinin kendini toparlayabilmesi için yaklaşık 1 aylık bir süre geçmesi gerektiği yönündedir. Bu süreçte dopaminsizliğin en yoğun yaşandığı ilk iki haftanın, aşılması en zor zaman dilimi olduğunu belirtmeliyiz. Bu arada sadece bir ay boyunca bağımlılıktan uzak kalmanın tek başına asla yeterli olamayacağının da farkındayız. Bu konuda mücadele eden herkesin yaşadığı en büyük sorun ilgili alışkanlığa geri dönmektir. Dopaminin çalışma mekanizmasını anlamak bu konuda verdiğiniz mücadelede size önemli bir avantaj sağlasa da içinde bulunduğunuz bağımlılığın özelinde detaylı desteğe ihtiyacınız olabileceğini aklınızdan çıkarmayın.

Sosyal Medya–Cep Telefonları

Etrafımızdaki bağımlılıkların görülme sıklıkları çok farklı olmakla beraber muhtemelen en yaygın görüleni cep telefonuna olan bağımlılıktır. Zaten o artık bir cep telefonu değil. Zamanında konuştuğumuz, mesaj gönderdiğimiz, antenli ve kapaklı olan aletlerle bugünkü bilgisayarları aynı isimle tanımlamak büyük bir haksızlık olur. O yüzden bazı insanlar onlara uzun zamandır akıllı telefon demeye başladı. Ama bu da eksik sayılır çünkü onlar sadece akıllı değil aynı zamanda duygusallar ve sizden sürekli ilgi bekliyorlar.

Ne yazık ki insanlar bu bağımlılığın ne kadar tehlikeli olduğunun farkında değiller. Sonuçta sigara, alkol ve uyuşturucu gibi bağımlılıklarla karşılaştırıldığında cep telefonu ve sosyal medya uygulamaları daha masummuş gibi algılansa da burada gözden kaçan önemli bir ayrıntı vardır. Karşımızdaki cihaz ve ilgili uygulamalar kendi kendini geliştiren bir zekâya sahipler. Düşünsenize arka planda "kaç kere izledi, kaç beğeni aldı" gibi tüm istatistiklerinizi tutan, bir video izlediğinizde gözlerinizin ekranın neresinde daha çok vakit geçirdiğini ölçen, sizin verilerinize göre size içerik sunan çılgın bir algoritmadan bahsediyoruz. Üstelik bunu size çaktırmadan yapıyor. Ayrıca bu aletin sizi, çevrenizdeki herkesten daha iyi tanıdığından emin olabilirsiniz. Sonuçta herkesten gizli bir şekilde izlediğiniz içeriklerde bile size eşlik ettiğini unutmayın. Diğer taraftan bu aletlerin sağlığınıza büyük bir zararı olmadığını düşünseniz de aslında fena halde yanılıyorsunuz çünkü **cep telefonunuz beyninizin içindeki ödül merkezleri ve dopamin devreleri üzerine adeta çökmüş durumdadır.** Bu çökmenin ne kadar büyük olduğunu test etmek istiyorsanız bir süre telefondan uzak yaşamayı deneyebilirsiniz.

Aslına bakarsanız uyuşturucu kullanımında bahsettiğimiz süreç sosyal medya kullanımında da karşımıza çıkar. Bunu anlamanız için havalimanında, kafede ya da toplu ulaşım araçlarındaki insanları gözlemlemeye çalışın. Parmakları hikâye ve *reels*'lar üzerinde kayan bu kişilerin yüzünde mutluluk değil de daha çok bir uyuşmuşluk, bir ruhsuzluk hali görürsünüz. Çünkü artık otomatikleşmiş bu süreci mutlu olmak için değil küçük dopamin zirveleri oluşturarak acıdan kaçmak için yapmaktadırlar. Tıpkı madde bağımlılarının yaptığı gibi. Artık bunun neden böyle olduğunu anlayabilirsiniz. Akıllı telefonlar farklı dopamin kaynaklarını birleştirmek konusunda (sosyal medya, oyun, müzik, film-dizi-video vs.) müthiş bir performansa sahip olduğundan uzun dönemde ruh halimizde önemli sorunlara neden olmaktadır.

Dijital İrade

İnsanların en çok merak ettiği sorulardan birisi de telefonu ya da sosyal medyayı günde kaç saat kullanması gerektiğiyle ilgilidir. Ne yazık ki bu sorunun da cevabı tümüyle o kişi ve bağımlılık hassasiyetiyle ilgilidir. Mesela bazı sigara bağımlıları var, birkaç saat sigarasız kaldığında eli ayağı titremeye başlar. Bazıları ise tüm gün sigara içmeden de rahatlıkla durabilir. Benzer kişisel farklılıklar cep telefonu bağımlılığı için de geçerlidir. Diğer taraftan tüm işini telefondan-sosyal medyadan yapan ya da telefondaki uygulamaları tümüyle kendini eğitmek için faydalı bir amaçla kullanan insanlar da var. Doğal olarak bu kadar geniş spektrumdaki bir kitleye telefonda şu kadar saat vakit geçirin demek anlamsızdır. **Burada hepimiz için en kritik nokta kontrolü kaybetmemektir.**

Peki kontrolü ne derece kaybedip kaydetmediğimizi nasıl anlayabiliriz? Aslında bununla ilgili bize fikir verebilecek basit bir gösterge var. **Telefonunuz sizinle birlikte yatağa giriyorsa kontrolün sizde olmadığından emin olabilirsiniz.** Mesela gece uyumadan önce sosyal medyada gezinip, dizi-film izliyorsanız ya da işe-okula gitmek zorunda olmadığınız bir sabah uyandığınızda yaptığınız ilk iş yataktan çıkmadan telefonu elinize alıp vakit harcamaksa oturup çok ciddi düşünmenizde fayda var.

Peki, kontrolümü kaybettiysem onu geri kazanmak için ne yapabilirim? Elbette burada düzeltilmesi gereken çok fazla şey olsa da **koşulsuz, şartsız hiçbir şekilde telefonu yatağınıza sokmayacağınıza dair kendinize söz vermeniz bile müthiş bir başlangıç olacaktır.** Birçok kişi alarm kurmayı bahane etse de bu durum telefonun yatağa girmesini gerektirmez. Alarmı kurun ve telefonu uzanacağınız bir yere koyup yatağınıza girin. Bir de "uykum gelmiyor"cular var. Haklısınız, uykunuz gelmiyor çünkü her gece telefon ışığıyla epifiz bezinize ve uyku hormonu olan melatonin salgınıza öyle zararlar verdiniz ki bu sorunu yaşamanız çok normal. Ama tek zararın bu olmadığına emin olabilirsiniz.

Sinirbilimci Andrew Huberman'ın da sıklıkla vurguladığı üzere akşam 22.00 ile sabaha karşı 04.00 arası ışığa maruz kalmak (buna tepeden gelen ışık ve güçlü gece lambaları da dahil) beyinde habenula dediğimiz bir yapıyı etkileyerek dopamin salgılanmasında önemli bir azalmaya neden olmaktadır. Bu azalmanın sadece o anlık olmadığını ödül devrelerimizi genel anlamda olumsuz etkilediğini de belirtelim. Kaliteli uykunun dopamin rezervleri açısından önemini hesaba kattığımızda bu konuda ne kadar erken harekete geçerseniz beyninize o denli iyilik yapmış olacağınızı unutmayın. Bozulan sisteminiz nedeniyle ilk başlarda zorlansanız da gerekirse her gece dakikalarca karanlığın gözünün içine bakın ama asla ve asla telefona elinizi sürmeyin.

Ana konumuza dönersek, telefonunuza karşı gerçek bir kontrol sağlamak için dijital bir iradeye sahip olmanız gerekmektedir. Bunun için de hayata geçirmeniz gereken en önemli alışkanlık, **telefonu elinize almadan önce ne yapacağınızı ve buna ne kadar süre ayıracağınızı baştan belirlemektir**. Daha önce de bahsettiğimiz gibi insanlar telefonu artık bilinçsiz bir şekilde eline alıyorlar ve sonrasında ne yapacakları daha çok doğaçlama gelişmekte. O nedenle bu refleksel davranış tarzını ortadan kaldırmak için kuralları telefona dokunmadan belirlemelisiniz.

Mesela diyelim ki toplu taşımayla eve gideceksiniz. Telefonu elinize almadan önce programınızı kabaca belirleyin. Mesafeniz yaklaşık 50 dk olsun. Bu yolculuğun 10 dakikasını sosyal medyaya, 30 dakikasını ise dizi-film ya da podcast-kitap gibi kısmen katkısı da olan uygulamalara ayırabilirsiniz. Kalan 10 dakikayı ara sıra başınızı telefondan kaldırıp özgür kalmak için kullanın. **Dijital irade için en kritik nokta sürelere neredeyse saniye düzeyinde bile uymak zorunda olmanızdır.** Mesela podcast süreniz 30 dakika ise bunu asla geçmemelisiniz. Daha erken bitirmenizde elbette bir sorun yok buradaki ana fikir konulan süreyi hiçbir koşulda aşmamak. Diyelim ki trafikte bir sorun çıktı ve fazladan 20 dakikayı daha yolda geçirmeniz gerekti. Bu 20 dakikanın tek bir saniyesini bile telefon kullanımına ayırmamalısınız. Gerekiyorsa bomboş oturun, insanları ya da dışarıyı gözlemleyin. Çok sıkılsanız bile elinizi telefona sürmeyin. Sonuçta yolculuk için telefona 10+30 dakika ayıracağınızı söylediniz ve yolculuğunuzun bitmemiş olması koyduğunuz kuralı ilgilendirmez.

Bir işin başına oturduğunuzda bildirimleri kapatmaktan tutun ara sıra telefonunuzu uçuş moduna almaya kadar uygulayabileceğiniz bir sürü yöntem var. Kendinize en uygun yöntemleri aradığınız bu mücadele asla vazgeçmeyeceğiniz tek yaklaşım temel kuralımız olacaktır. Telefonu elinize almadan önce ilişkinizin boyutlarını tanımlayıp buna uyduğunuz sürece kontrolün sizde olduğundan emin olabilirsiniz.

Sıkıldığınızda Gelen Güzel Fikirler

Modern insanın en büyük sorunlarından birisi de "hiçbir şey yapmamak" ya da "sıkılmak" gibi lükslerini kaybetmiş olmasıdır. O kadar yoğun ve meşguluz ki neredeyse her saniyemiz dolu. Öyle ki cep telefonları birçok insana tuvalette bile eşlik etmekte çünkü kimsenin vakit kaybına tahammülü yok. Oysa hiçbir şey yapmamak ve sıkılmak en büyük ihtiyaçlarımızdandır. **Çünkü her ikisi de çözüm geliştirmeniz gereken bir problemle ilgili size farklı bakış açıları sunacak önemli fizyolojik süreçlerdir.** Birçok buluş ya da eserin can sıkıntısı anında ya da hiçbir şey yapmayıp beyninizi serbest bıraktığınız o anda gerçekleşmesi tesadüf değildir. İsterseniz gelin tam o sırada beyninize neler olduğuna bakalım.

Beynimizin ön kısmında yer alan prefrontal korteksin mantıklı karar verme ve plan yapmadan sorumlu olduğunu söylemiştik. Bu bölgenin içinde farklı işlevlerden sorumlu alanlar vardır. Mesela **dorsolateral prefrontal korteks** dediğimiz kısım yoğun düşünce ve düzenlemeden sorumluyken, **medial prefrontal korteks** daha çok beynin diğer alanlarıyla kurulan karşılıklı etkileşimde rol oynar.

Uzun zamandır kafa yorduğunuz bir projeniz olduğunu varsayalım. Günün tüm yorgunluğuyla duşa girdiniz. Vücudunuza çarpan sıcak suyla beraber ilk hissedeceğiniz şey rahatlama olacaktır. Gözlerinizi kapayıp kendinizi suyun huzurlu kollarına bıraktığınızda önemli bir olay gerçekleşir. Medial prefrontal korteks bölgenizde bir aktivite artışı gözlenir. Bu bölgenin beynin diğer kısımlarıyla yakın ilişki içinde olduğunu söylemiştik. Peki buradaki aktivite artışının anlamı nedir? Aslında basit. Siz "yoğun düşünme" eylemi içinde olduğunuz dönemlerde bu bölge diğer beyin bölgeleriyle istediği gibi bir iletişim kuramaz. Fakat bir şey düşünmeyip kendinizi rahat bıraktığınız anlarda medial prefrontal korteks diğer bölgelerle daha güçlü bir iletişim oluşturur. İşte bu etkişileşim sırasında aradığınız cevaplarla ilişkili farklı bakış açıları bir anda kafanızın içinde belirmeye başlar.

Özetleyecek olursak yoğun bir çalışma döneminde en güzel fikirler beyninizi rahat bıraktığınız anlarda ortaya çıkar. Söz konusu yaratıcılık ve tutkunuzu bulmak gibi önemli meseleler olduğunda hiçbir şey yapmamak ve can sıkıntısı inanılmaz değerli bir yol göstericidir. Neden biliyor musunuz? Çünkü hiçbir şey yapmadığınız bu dönemler beyninizle baş başa kaldığınız en değerli anlardır. Eğer beyninize sürekli bir şey sormayıp biraz da onun konuşmasına fırsat tanırsanız en güzel fikri kulağınıza fısıldayacağından emin olabilirsiniz.

İster milyon dolarlık bir şirketin CEO'su olun isterseniz çocuklarıyla ilgilenen bir anne. Toplumdan, kültürden ve her türlü sınıfsal farklılıktan bağımsız hepimiz çok meşgulüz. Düşünsenize ne yaparsanız yapın asla izleyemeyeceğiniz, dinleyemeyeceğiniz ve okuyamayacğınız tonlarca içerik var ve her geçen gün daha da artıyorlar. Şimdi siz meşgul olmayacaksınız da kim meşgul olacak.

Sizlerden ricamız bu illüzyona aldanıp zamanın içinde kaybolmayın. **Yoğun programınızın arasına sıkılmak için de bir vakit koyun**. Dopamin orucu kısmında bahsettiğimiz gibi gerekirse tek başınıza uzun yürüyüşlere çıkın ya da bir yerlere oturup boş boş etrafınıza bakın. Evet ilk günlerde evrenin sırrını keşfetmeyeceksiniz lakin bu alışkanlık sayesinde meşgul etmediğiniz beyninize konuşmak için bir şans tanıyacaksınız. Kim bilir size neler anlatacak. Biraz da dinlemenin tadını çıkarın.

Bölüm 12

Hayatınızı Değiştirecek O Reçete

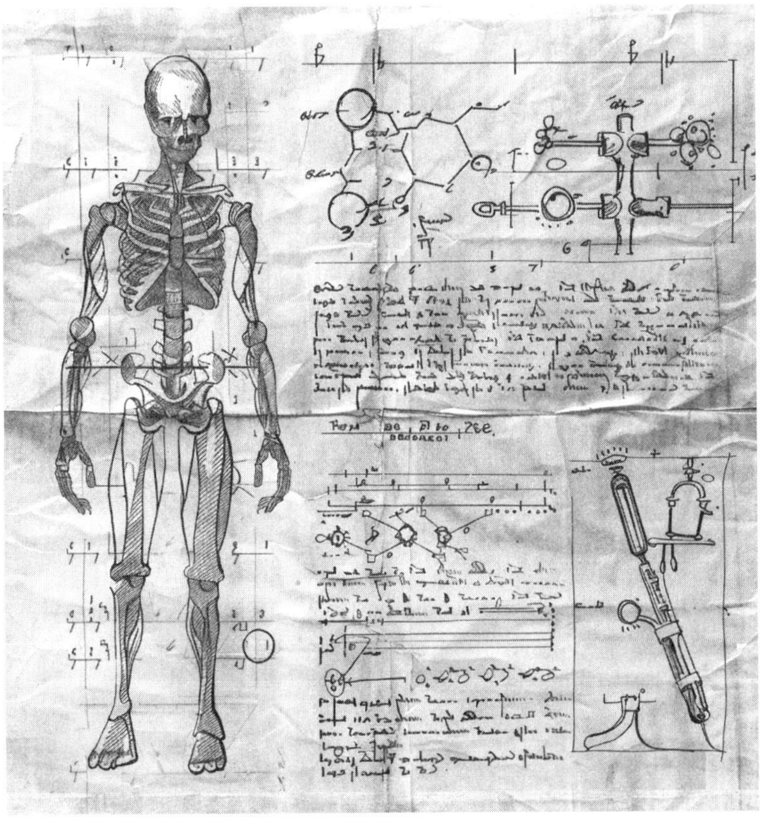

Aslında insanı en çok acıtan şey,
hayal kırıklıkları değil.
Yaşanması mümkünken,
yaşayamadığı mutluluklardır.

Fyodor Dostoyevski

İnsanların büyük bir çoğunluğu her şeyin açık ve net olduğu hazır reçetelere bayılır. Yani yöntemin kendisini öğrenmektense doğrudan uyacağı şeyleri bilmek ister. Bunlar ne kadar net olursa o kadar mükemmeldir. Günde X saat spor yap, sadece Y dakika cep telefonu kullan, Z bardak su iç gibi önerilere bayılırız çünkü beynin çalışma mekanizması her zaman kolay yolu seçmeye eğilimlidir. Zaten arka planda otonom sinir sistemi aracılığıyla devasa bir sistemi kontrol etmek için epey yoğun çalışırken bir de sizin paradokslarınızla mı uğraşacak! Doğal olarak uslu bir çocuk gibi kenarda sessizce oturmanızı teşvik eder. Sistem böyle çalışınca hazır reçeteler de oldukça cazip gözükürler. Öyle ya birileri sizin yerinize düşünmüş ve karar vermiş. Siz neden o güzel beyninizi daha fazla yorasınız ki!

Beynimiz harekete geçme konusunda başlangıçta "ne gerek var canım şimdi" gibi bir yaklaşımı tercih etse de ne mutlu ki bu konuda asla ısrarcı değildir. Yani siz emek harcayıp bir şeyler üretmek istediğinizde hiç sızlanmaz aksine tam destekle size yardımcı olur. Hatta göstermiş olduğunuz bu çabadan dolayı sizinle sağlam gurur duyar. Tıpkı çırağının şımarmasını istemeyen bir usta gibi bu hazzı kendi içinde, sessizce yaşadığından siz bunu fark etmezsiniz bile. İşte bu haklı gururu sonuna kadar yaşamak için beyni yormak, emek vermek ve sorununuzu kendi yöntemlerinizle çözmeniz gerekir

Düşünsenize birbirimizden böylesine farklılık gösterdiğimiz bir evrende hangi ortak reçete sorunumuzu doğrudan çözebilir ki! Yaşadığımız sorunun aynı olması çözümün de ortak olacağı anlamına gelmez. Eğer öyle olsaydı istemediğimiz alışkanlıkların tümünden çoktan kurtulmuş olurduk. Size gösterilen çözümlerin çoğu insanların ortalamalarına göre oluşturulmuştur ama siz ortalama bir insan değilsiniz ki. Eğer öyle olsaydı kullandığınız hazır reçete işe yarardı ama yaramıyorsa sizin o ortak değerleri alıp kendinize özgü bir hale getirmeniz gerekmektedir.

"Tüm yaşamınızı değiştirecek hayata dair 4 ders" ya da "iyi ve güçlü hissetmen için atman gereken 7 adım" gibi başlıklar her zaman ilgi çekicidir. Peki kim belirledi bu adımları? Yani gerçek anlamda sahip olduğun yegâne şey olan hayatını, anonim bilgilerle oluşturulmuş bu maddelere göre mi yaşayacaksın! Evet okul, iş, sorumluluklar vs. çok yoğun bir hayatınız olduğu ortada ama kısa bir süre durun ve düşünün. Bunlar gerçekten hayatınızın kendisinden daha mı önemli? Elbette değil. O zaman nasıl oluyor da hayatınızı başkalarının hazırladığı ortalama reçetelere göre yaşamayı tercih ediyorsunuz. Unutmayın bu sizin en değerli hazineniz. Asla başkalarının ellerine bırakmayın. Kesin düşürürler.

Eğer bir gün hayatınızı değiştirecek o reçetenin yazılı olduğu kâğıdı ele geçirirseniz orada sadece 4 kelimeden oluşan bir cümle göreceksiniz. "Yok öyle bir reçete". Elbette ortalama çözüm anlayışları çok değerli ama asla tek başına yetmez. Doğal olarak karşınızdaki sorun ne olursa olsun kolları sıvayıp kendi çözüm yönteminizi geliştirmek zorundasınız. Yeterince emek verip çaba harcadığınızda çok büyük bir ihtimalle her türlü sorunun üstesinde gelmeyi başaracaksınız çünkü arkanızda sizi her zaman büyük bir gururla destekleyecek beyniniz olacak.

Aklınız Neden Hep Yapmadıklarınızda Kalır?

Şu hayata dair yaşayacağınız en sıkıntılı duygulardan birisi pişmanlıktır. Eğitim, kariyer ya da ilişkilerinizle ilgili bugüne kadar kim bilir kaç tane "keşke" ile başlayan cümle kurdunuz. Hatta bazı keşkeler canınızı o kadar acıttı ki tüm hayatınız boyunca ruhunuzda taşıyacağınız bir iz olarak kaldı. Peki bu kadar yoğun pişmanlık hissi içinde olmak normal mi? Yoksa kaç yaşınıza geldiniz hâlâ doğru seçim yapmayı mı öğrenemediniz? Aslında bu konuda kendinize çok fazla yüklenmenize gerek yok. Elbette insanlar bazı seçimlerinde hatalar yaparlar. Hatta bazen bu hataların bedelini ağır öderler. Bu hayatın akışı içinde gayet olağan gerçekleşen bir öğrenme biçimidir. Ama bir de diğer pişmanlıklar vardır. Dopamin ve ödül devrelerimizin çalışma felsefesi gereği sıklıkla karşımıza çıkan "pişmanlık illüzyonu" olarak adlandırabileceğimiz bir kavramdan bahsediyoruz.

Söz konusu seçimlerimiz olduğunda bazen çok zorlanırız. Bu tarz durumlarda genellikle aklımız hep yapmadığımız o seçenekte kalır. Çoğu insanda görülen bu durumun altında ilginç bir neden yatar. Diyelim ki karşınızda karar vermekte zorlandığınız iki güçlü seçenek olsun. Bu bir üniversite tercihi de olabilir, önemli bir partide giymek için alacağınız bir kıyafet de. Fark etmez çünkü sistem benzer şekilde çalışır. Size eşit miktarda dopamin salgılatacak olan A ve B seçenekleri arasında kaldığınız o denkleme gelin daha yakından bakalım.

Seçim yapma ve alternatifler konusunda çok kritik bir detay vardır. Eğer iki tercih arasında kaldıysanız ve yaptığınız seçimden sonra diğer seçenek bir şekilde ortadan kalkıyorsa temel anlamda bir sıkıntıyla karşılaşmazsanız. Kendinize akıllı saat almaya karar verdiniz diyelim ama aynı modelin mavi ve yeşil alternatifleri arasında kararsız kaldınız. Uzunca süre düşünüp tercihinizi yaptıktan sonra aklınızda hâlâ birtakım şüpheler olsa da diğer seçenek artık sizin için sonlanmıştır. Lakin bazı seçimler ne yazık ki bu kadar basit değildir. Dinamikleri gereği hayatınızın içinde kalmaya devam ederler. İşte "pişmanlık illüzyonu" dediğimiz o garip hali en çok bu tarz durumlarda yaşarız.

Mesela hoşlandığınız iki kişi (A ve B) olsun ama ikisine de aşık değilsiniz. Bu detay önemli çünkü gerçek aşkın girdiği bir denklemi bu kadar basit düzeyde örneklendirmemiz imkânsız. Bu kişilerle beraber vakit geçirmeyi seviyorsunuz ve hem A hem de B kişisinin sizde salgılattıkları dopamin miktarları neredeyse aynı seviyede. Romantik ilişkiye duyduğunuz ihtiyaç nedeniyle zaman içinde bu kişilerden birine daha yakın olmak istediniz ve uzun analizlerin sonunda A'yı seçmeye karar verdiniz. Doğal olarak A ile ilişkiniz resmileşti ve tebrikler artık sevgilisiniz.

Siz seçiminizi yapmış olsanız da bu durum diğer alternatifin (B) hayatınızdan çıkacağı anlamına gelmez. Çok fazla ortak arkadaşınız olduğu için aynı ortamlarda denk geliyor olabilirsiniz ya da kim bilir belki de B'nin sosyal medya hesabını ara sıra *stalk*'layarak (gizli takip) ne yaptığını kontrol ediyorsunuzdur. Sebebin ne olduğundan ziyade buradaki mühim nokta B kişisinin beyninizin bir yerlerinde nefes almaya devam ediyor olmasıdır. İşte mesele burada karışmaktadır.

Hatırlayalım. İlişkiniz netleşmeden önce A kişisini düşünmek, onunla ilgili hayaller kurmak size çok güzel dopaminler salgılattı. Bu sayede içinizde bir arzu oluştu ve ödülün kendisine (A kişisi) bir an önce kavuşmak için motive oldunuz. İlişkiniz resmileştiğinde ise dopamin tavan yaptığı için çok mutlu oldunuz ve sonrasında gerçekleşecek biyolojik süreci artık biliyorsunuz.

Zaman geçtikçe A kişisi sizin için dopamin kaynağı olma özelliğini yavaş yavaş yitirecektir çünkü dopaminin ilgisini çeken her zaman yeni kaynaklardır. Böylece A'ya olan ilginiz zaman içinde azalmaya başlar. Bu durum ne sizden ne de A'dan kaynaklanır. Asıl sebep ilişkinizdeki azalan dopaminin oluşturduğu yan etkidir. Bu yan etkiye rağmen ilişkiniz uzun yıllar sağlıklı bir şekilde sürebilir ama bu tarz durumlarda beyninizin bir köşesinde durmakta olan B kişisinin yeniden dirilme ihtimali de olabilir. Çünkü B hâlâ elde edilmemiş yeni bir dopamin kaynağı olarak varlığını sürdürmektedir. Peki dirilmenin gerçekleşmesi durumunda ne olur?

A kişisinde yaşadığınız sürecin bir benzerini B'de yaşamaya başlarsınız. Doğal olarak B'yi her düşündüğünüzde bir şeyler ödül devrenizi dürtmeye başlar. Eğer olur da kafanızda birtakım hayaller kurmaya başlarsanız B artık sizin yeni dopamin kaynağınızdır. Örnek grafiğimizi düşündüğümüzde bu minik dopaminlerin nasıl bir arzuya dönüşeceğini tahmin edersiniz. Üstelik bir ilişki içinde olduğunuzdan karşı tarafa ulaşamayacağınızı bilmek bu arzuyu daha da derinleştirebilir. Böylece B kişisi her geçen gün gözünüzde daha da büyür ve garip bir pişmanlık döngüsüne girersiniz. İşte içinizde derinden hissettiğiniz bu "acaba" hali tümüyle pişmanlık illüzyonu dediğimiz durumdan kaynaklanır.

Pişmanlık illüzyonu elinizin altındaki A kişisini eski heyecanından uzak, beyninizdeki B kişisini ise heyecan verici görmenize neden olan dopamin yanılgısından başka bir şey değildir. Tam tersi olsaydı yani başlangıçta B'yi seçseydiniz bu sefer aynı özlemi A kişisi için yaşayacaktınız çünkü asıl özlediğiniz gerçekte kişiler değil ilişkinizin salgılattığı dopaminin kendisidir. Lütfen bu gerçeği prefrontal korteksinize güzelce bir yerleştirin. Ne zaman tercihlerinize dair bir pişmanlık duygusu içine girseniz bu gerçeği hatırlayın ve durumunuzu mantık çerçevesinde analiz etmeye çalışın. Ortada gerçekten hatalı yapılmış bir seçim varsa zaten yapacak bir şey yok. Pişmanlığınızı sonuna kadar hissedin ve hayata dair dersinizi çıkarın. Eğer bu durum verdiğimiz örnekteki gibi tümüyle dopaminle ilgili bir illüzyondan kaynaklanıyorsa o zaman boşuna pişmanlığın yükü altında ezilip varolan ilişkinizi olumsuz yönde etkileyecek yanlış kararlar almayın. Ödül devreleriniz kafanızı karıştırsa da elinizin altında sıradanmış gibi gözüken nice şeyin aslında ne kadar değerli olduğunu kendinize sık sık hatırlatın.

Dünyayı Değiştirmek mi İstiyorsun! O Zaman Lavabonun İçinde Bulaşık Bırakma

Dopamini demlemek amacıyla çıktığımız bu yolcuğu hayatımıza dair en önemli eksiklerden birine değinerek sonlandıralım. Bu kitabı hangi duygularla okumuş olursanız olun (iyi, vasat, kötü) bitirdiğinizde kendinizi iyi hissedeceksiniz. Öyle ya daha iyi bir hayat yaşamak için kendinizi geliştirdiğiniz bu yolculukta bir kitabı daha bitirmiş olmanın haklı gururunu yaşıyorsunuz. Eğer öğrendiklerini gecikmeden eyleme dönüştürmeyi başaran o çok az insandan biriyseniz zaten size söyleyecek fazla bir şeyimiz yok. Umarız bu kitapta hayata geçirebileceğiniz bir bilgiye rastlamışsınızdır. Bizim sözümüz diğer kesime. Yani sürekli gelişim kitabı okuyan, eğitimlere giden, sertifikalar toplayan ama bazı dertlerinden bir türlü kurtaramayan ya da hayallerini gerçeğe dönüştüremeyen o kişilerden bahsediyoruz. Bir şeyleri gerçekten değiştirmek istiyorsanız bu kadar kişisel-bilimsel gelişim yeter. Artık harekete geçme zamanı.

Eğer hayallerini eyleme geçirmekte zorlanan biriyseniz bu ve benzeri kitapların, hedeflerinize ulaşmayı beklediğinizin aksine daha fazla geciktirebiliceğini özellikle belirtelim. Sonuçta olaya ödül devrelerimiz açısından yaklaştığımızda öğrendiğiniz her bilgi ve harcadığınız her çaba size dopamin olarak geri dönecektir. Zaten problem de bu dopaminden kaynaklanır. Elde ettiğiniz o geçici huzur hissi, asıl sorununuz ile yüzleşmenizi bir süre daha ertelemeniz olanak sağlayacaktır. Ama bu durum acı gerçeğinizi değiştirmez çünkü sürekli ertelediğiniz sorun orada tüm can sıkıcılığıyla durmaktadır. Hani yazılı sınavlarda öğrencilerin sorduğu bir soru vardır. "İstediğimiz sorudan başlayabilir miyiz" diye. İşte ne yaparsanız yapın hayat dediğiniz bu sınavın sonucunu, sürekli erteleyerek en sona bıraktığınız, en fazla puana sahip o soru belirleyecektir. Öğrendiklerinizin ne kadarını hayata geçirebiliyorsunuz?

Yeni bilgiler öğrenmek ve kendinizi sürekli güncel tutmak çok kıymetli bir çabadır ama öğrendiklerinizi size faydası dokunacak şekilde uygulamadıktan sonra o bilgiye sahip olmanın hiçbir anlamı yoktur. Tutku, motivasyon, başarı gibi kavramlar yıllar içinde o kadar çok sulandırıldılar ki insanlar artık gerçek amacın ne olduğunu unuttular. Sürekli öğrenen ama iş uygulamaya gelince hiç oralı olmayan bir ruha büründük. Bu kısır öğrenme döngüsünden bir an önce kurtulup eyleme geçmek zorundayız.

Peki sorunlar ve ilgili çözüm alternatifleri hakkında bu kadar çok bilgiye sahip olmamıza rağmen neden bir türlü harekete geçemiyoruz? Aslında bunun bir küçük bir de büyük iki temel nedeni vardır. İlki basit. Okumak, dinlemek, izlemek gibi pasif öğrenme eylemlerini gerçekleştirmek nispeten daha kolaydır. Oysa çabalamak ve harekete geçmek gerçekten zordur ve biraz cesaret, biraz da emek ister. Bu durum ne yazık ki birçok insanın gözünü korkutur. Ama asıl büyük sebep "beklenen doğru zaman" kavramından kaynaklanır.

İlginç bir şekilde insanların büyük bir kısmı hayallerini ve arzularını hayata geçirmek için sürekli bir an, bir işaret beklerler.

Bir gün bir kitap okudu ve tüm hayatı değişti gibi yaklaşımlar slogan olarak gayet güzel gözükse de gerçekte hiçbir karşılığı yoktur. Hayatınızın herhangi bir evresinde aniden bir aydınlanma yaşayıp tüm hayatınızı yoluna koyacağınız o gün asla gelmeyecek. Aslına bakarsanız bu konuda yaşayacağınız tek aydınlanma, muhtemelen yaşlanıp da yolun sonuna geldiğinizde, geçmişe bakıp tüm zamanınızı hiç gelmeyecek olan bir aydınlanmayı bekleyerek nasıl feda ettiğinizi fark ettiğinizde ortaya çıkacaktır. İşte bu farkındalık yeryüzünde yaşanabilecek en derin pişmanlıktır çünkü artık yeterli zaman kalmamıştır.

Doğru zamanın gelmesini beklemekten ne kadar erken vazgeçerseniz bilin ki hayat size o kadar güçlü gülümseyecektir. O nedenle hemen harekete geçin artık. Başlamak için "pazartesi, ayın ilk günü, şu proje biter bitmez" gibi zaman dilimleri yaratmak gayet mantıklı gözükse de gerçekte hiçbir işe yaramadıklarını en iyi siz biliyorsunuz. Aslında beynimiz bu konuda çok basit bir yaklaşıma sahiptir. Modern insanlar olarak prefontal korteksimizi sıklıkla kullanıp uzun vadeli planlar yaparız. Bu çok değerli bir yetenek olsa da beynimiz tümüyle 24 saate uygun şekilde çalışan bir sisteme sahiptir. Yani ilkel bir insan için 3 hafta sonrasını planlamanın fazla bir anlamı yoktur.

Sonuç olarak planlarımız ne kadar uzun vadeli olursa olsun bizi huzurlu bir başarıya götürecek olan yolun, 24 saatlik zaman dilimini iyi yönetmekten geçtiğini asla aklınızdan çıkarmayın. Zaman diliminin daralması oradaki ayrıntıları çok daha iyi okumanıza neden olacaktır. Zira birçok insan değişimlerin büyük olaylarla gerçekleştiğine inansa da hepimizin hayatını ciddi anlamda şekillendiren şey küçük detaylardır. Amerikalı Amiral William H. McRaven'ın Teksas Üniversitesi diploma töreninde yeni mezunlara yaptığı konuşma bu yaklaşımı gayet güzel özetler.

Dünyayı değiştirmek istiyorsanız işe yatağınızı toplayarak başlayın. Her sabah yatağınızı toplarsanız günün ilk görevini yerine getirmiş olursunuz. Bunu yapmak sizi azıcık da olsa gururlandıracak ve diğer işleri de teker teker yapmanız için teşvik edecektir. Günün sonunda o küçücük adım, yerine getirilmiş pek çok göreve dönüşecektir. Yatağınızı toplamak aynı zamanda hayatta küçük şeylerin de öneminin olduğu gerçeğini pekiştirecektir. Eğer küçük işleri doğru şekilde yapamazsanız daha büyüklerini asla yapamazsınız.

Kitabın çeşitli bölümlerinde size fizyolojinin anayasasının en temel kuralı olan homeostazdan bahsetmiştik. Tüm değişimler belirli bir denge içinde gerçekleşmek zorunda olduğundan homeostaz büyük değişimleri pek sevmez. Karşısındaki değişim ne kadar büyükse dengesinin bozulma ihtimali o kadar yüksektir. O nedenle ne zaman büyük değişimleri hedeflesiniz bir şekilde sizi dengede kalmaya zorlar. Bu çalışma mantığı "yatağınızı toplayın" örneğinde olduğu gibi, küçük değişimleri homestaz için inanılmaz değerli kılar.

Küçük görevleri zamanında yönetmenin büyük değişimlere giden en kestirme yol olduğunu asla unutmayın. Tıpkı o güzel Latince sözün söylediği gibi. "Taşı delen suyun kuvveti değil, sürekliliğidir." Eğer bu sistemin çalışma mantığını anlayıp doğru kullanmayı öğrenirseniz tüm bu görevler sizin için bir zorunluluk değil alışkanlık haline dönecektir. İşte bu yaklaşım en çok ihtiyacınız olan eksiklerin en başında gelir.

Kitabımızı Arnold H. Glasow'un tüm meseleyi harika özetleyen o güzel sözüyle bitirelim.

Bir fikre eylem eşlik etmiyorsa
o fikir ancak beyinde işgal ettiği hücre kadar büyüyebilir.

Paylaşılmamış ya da eyleme dönüştürülmemiş her bilgi bir nöronun ya da sinapsın içinde hapis kalmak zorundadır. O nedenle bu kitabı bitirip bir kenara koyduktan sonra gözlerinizi kapatın ve derin bir nefes alın. Sizce de öğrendiğiniz bilgilerin ellerinden tutup onları teker teker özgürlüklerine kavuşturma vakti gelmedi mi? Haz bağımlılığından, kronik tatminsizlikten, uydurma ihtiyaçların peşinde sürekli koşup tükenmekten ve bir şeyleri eksik ya da yanlış yapıyormuş hissinden kurtulmak için "şimdi" tam vakti. Hadi kalk bi dopamin demle ve organik mutluluğun tadını çıkar.

Kaynakça

1- MF ve diğerleri (2006). *Neuroscience: Exploring the Brain.* 3rd edition. Lippincott Williams and Wilkins

2- Berns GS ve diğerleri (2001). *Predictability modulates human brain response to reward.* J Neurosci 15;21(8):2793-8. **doi:** 10.1523/JNEUROSCI.21-08-02793.2001

3- Changliang Liu ve diğerleri (2021). *Spatial and temporal scales of dopamine transmission.* Nat Rev Neurosci Jun;22(6):345-358. **doi:** 10.1038/s41583-021-00455-7.

4- Dunn EW ve diğerleri (2008). *Spending Money on Others Promotes Happiness.* Science 21;319(5870):1687-8. **doi:** 10.1126/science.1150952

5- Guyton ve Hall (2015). *Textbook of Medical Physiology.* 13th edition. Saunders

6- Hari J (2016). *Chasing the Scream. The First and Last Days of the War on Drugs.* Bloomsbury Publishing PLC.

7- Harvard Second Generation Study *www.adultdevelopmentstudy.org*

8- Huberman A. (2021 Podcast yayını) *Controlling Your Dopamine For Motivation, Focus & Satisfaction.*

9- Huberman A. (2021 Podcast yayını) *How to Increase Motivation & Drive.*

10-Huberman A. (2023 Podcast yayını) *Leverage Dopamine to Overcome Procrastination & Optimize Effort*

11-Lembke A (2021). *Dopamine Nation: Finding Balance in the Age of Indulgence.* Dutton

12-Lieberman DZ. ve Long ME. (2018) *The Molecule of More: How a Single Chemical in Your Brain Drives Love, Sex, and Creativity—and Will Determine the Fate of the Human Race*. BenBella Books

13-Mitsuko Watabe-Uchida ve diğerleri (2017). *Neural Circuitry of Reward Prediction Error*. Annu Rev Neurosci 25:40:373-394. **doi:** 10.1146/annurev-neuro-072116-031109

14-Purves Dale ve diğerleri (2004). *Neuroscience*. 3rd edition. Sinauer Associates Inc

15-Qianwei Liu ve diğerleri (2020) *Functions of dopamine in plants: a review.* Plant Signal Behav Dec 1;15(12):1827782. **doi:** 10.1080/15592324.2020.1827782

16-Vidal-Gadea AG ve Pierce-Shimomura JT (2012) *Conserved role of dopamine in the modulation of behavior*. Commun Integr Biol 1;5(5):440-7. **doi:** 10.4161/cib.20978.

17-Yi Yang Fei ve diğerleri (2021) *Maladaptive or misunderstood? Dopamine fasting as a potential intervention for behavioral addiction*. **doi:** 10.1002/lim2.54